CIP-Kurztitelaufnahme der Deutschen Bibliothek

Räumliche Auswirkungen der Waldschäden: dargest.
am Beispiel d. Region Südl. Oberrhein / Akad.
für Raumforschung u. Landesplanung.-
Hannover: ARL, 1988

    (Forschungs- und Sitzungsberichte / Akademie
    für Raumforschung und Landesplanung; Bd. 176)
    ISBN 3-88838-002-2

NE: Akademie für Raumforschung und Landesplanung
(Hannover): Forschungs- und Sitzungsberichte

FORSCHUNGS- UND
SITZUNGSBERICHTE 176

Räumliche Auswirkungen der Waldschäden

Dargestellt am Beispiel der Region Südlicher Oberrhein

Bericht des Arbeitskreises
„Räumliche Auswirkungen der Waldschäden"

AKADEMIE FÜR RAUMFORSCHUNG UND LANDESPLANUNG

Best.-Nr. 002
ISBN-3-88838-002-2
ISSN 0587-2642

Alle Rechte vorbehalten - Verlag der ARL Hannover - 1988
© Akademie für Raumforschung und Landesplanung Hannover
Druck: poppdruck, 3012 Langenhagen
Auslieferung
VSB-Verlagsservice Braunschweig

VORWORT

Schäden an den Wäldern der Bundesrepublik wurden am Ende der 70er Jahre unübersehbar. Das Thema Waldschäden rückte in das öffentliche Interesse. Fast die Hälfte der Fläche der Bundesrepublik ist mit Wald bedeckt und damit potentiell betroffen. Es liegt nahe, die Frage nach den räumlichen Auswirkungen der Waldschäden, insbesondere im Hinblick auf die künftige Entwicklung, zu stellen.

Die Akademie hat zu dieser Fragestellung im Sommer 1984 einen Arbeitskreis eingerichtet. Dieser Arbeitskreis hatte die Aufgabe, im interdisziplinären Zusammenwirken der betroffenen Fachwissenschaften Ökologie, Land- und Forstwirtschaft, Fremdenverkehr deren Erkenntnisse und Erfahrungen zur Erkrankung des Waldes in die Analyse der räumlichen Auswirkungen einzubringen und Schlußfolgerungen für die Regional- und Landesplanung zu ziehen.

Auf der Grundlage von Annahmen zum potentiellen Schadensverlauf in Form von Szenarien wurde die Situation und künftige Entwicklung für die Region Südlicher Oberrhein untersucht. Im Ergebnis zeigte sich, daß die angewandte Methode und auch die Schlußfolgerungen auf andere Regionen übertragbar sind. Der Bericht ist vom Leiter des Arbeitskreises, Prof. Dr. Steinlin, auf der Grundlage von Forschungsberichten aus dem Kreis der Mitglieder des Arbeitskreises verfaßt worden und liegt hier in der vom Arbeitskreis einhellig verabschiedeten Fassung vor. Die Akademie dankt Prof. Steinlin und allen Mitarbeitern für die geleistete Arbeit. Dank gebührt gleichermaßen dem Regionalverband Südlicher Oberrhein für die tatkräftige Unterstützung bei der Durchführung des Forschungsvorhabens wie auch den Vertretern der Landesforstanstalt Baden-Württemberg für die fachliche Mitwirkung beim Aufbau der Szenarien.

Die Akademie will mit dieser Veröffentlichung einen Beitrag zur Verminderung der Waldschäden durch vorsorgende Planung leisten und vor allem zur Diskussion der raumordnerischen Beurteilung der möglichen Folgen von Waldschäden beitragen und zugleich die Behandlung des Themas in Regional- und Landesplanung anregen.

Akademie für Raumforschung
und Landesplanung

INHALTSVERZEICHNIS

1. Einleitung und Problemstellung 1

   1.1 Die neuartigen Waldschäden 1

   1.2 Der Auftrag an den Arbeitskreis 5

2. Die natürlichen und wirtschaftlichen Verhältnisse der Region
   Südlicher Oberrhein 9

   2.1 Natürliche Verhältnisse 9

       2.1.1 Geologie, Morphologie und Boden 9
       2.1.2 Klima und Hydrologie 14
       2.1.3 Vegetation 17

   2.2 Demographische und wirtschaftliche Verhältnisse 17

       2.2.1 Bevölkerung 17
       2.2.2 Verkehrserschließung 19
       2.2.3 Wirtschaftliche Verhältnisse 22

           2.2.3.1 Beschäftigungsstruktur 22
           2.2.3.2 Die einzelnen Wirtschaftszweige 23

   2.3 Die regionalplanerischen Zielsetzungen 29

   2.4 Zusammenfassende Beurteilung 31

3. Bisheriger Verlauf, gegenwärtiger Zustand und mögliche Weiterentwicklung der Walderkrankung 34

   3.1 Bisheriger Verlauf und gegenwärtiger Zustand 32

   3.2 Szenarien für mögliche Weiterentwicklung der Walderkrankung 45

   3.3 Wahl des Zeithorizontes für die Untersuchung 48

   3.4 Ergebnisse der Szenarien zur Schadensentwicklung 49

4. Die Auswirkungen der Walderkrankung auf den Untersuchungsraum
   Südlicher Oberrhein 55

   4.1 Allgemeines 55

   4.2 Auswirkungen auf Naturhaushalt und Landschaftsbild 56
       4.2.1 Naturhaushalt 56
       4.2.2 Landschaftsbild und Erholungseignung 61

   4.3 Wirtschaftliche Auswirkungen 65
       4.3.1 Allgemeines 65
       4.3.2 Auswirkungen auf die Waldeigentümer 66
             4.3.2.1 Art und Umfang der Mindererträge und Mehraufwände . 66
             4.3.2.2 Auswirkungen auf die gemischten bäuerlichen Land-
                     und Forstwirtschaftsbetriebe 74
             4.3.2.3 Auswirkungen auf die übrigen Waldeigentümer 80

       4.3.3 Auswirkungen auf die Holzindustrie 81
       4.3.4 Auswirkungen auf den Fremdenverkehr 83
       4.3.5 Zusammenfassende Beurteilung der wirtschaftlichen
             Auswirkungen 85

   4.3.6 Raumordnerische Folgerungen 88

5. Zusammenfassung 102

1. Einleitung und Problemstellung

1.1 Die neuartigen Waldschäden

Seit der zweiten Hälfte der 70er Jahre wird in weiten Teilen Mitteleuropas ein zunehmender Rückgang der Vitalität von Wäldern festgestellt. Zuerst schien davon vor allem die Weißtanne betroffen, später traten ähnliche Erscheinungen bei Fichte und Kiefer sowie bei verschiedenen Laubbäumen, vor allem Buche, Eiche, Esche, Birke usw. auf. Die Symptome sind wenig spezifisch: vorzeitiges Altern und Abfallen der Nadeln, Verlichtung der Krone, frühzeitige Storchennestbildung bei Tanne, aber auch Vergilbungserscheinungen, Triebanomalien und Zuwachsverminderungen sowie offensichtlich geringere Resistenz gegen Trockenheit und Frost sind die verbreitetsten Erscheinungen. Die sogenannten "neuartigen Waldschäden", wie sie von Politik und Verwaltung genannt werden, oder das "Waldsterben", unter dem diese Erscheinungen in den Medien und der weiteren Öffentlichkeit bekannt wurden, unterscheiden sich deutlich von den seit Jahrhunderten bekannten Rauchschäden, die vor allem in der Umgebung von Hüttenwerken und großen Feuerungsanlagen auftreten und die vorwiegend auf SO_2 und Fluor zurückgehen.

Zunächst wurden vor allem monokausale Erklärungen für die beobachteten Erscheinungen gesucht und eine Vielzahl von Hypothesen über die Ursachen entwickelt. Neben der Einwirkung von Luftverunreinigungen, vor allem SO_2, NO_x und Ozon, wurden auch klimatische Einflüsse, vor allem Frost und Trockenheit, aber auch biologische Erreger wie Viren oder Mikroorganismen oder auch Fehler der waldbaulichen Behandlung der Bestände als Ursachen vermutet. Heute stimmen alle maßgebenden Wissenschaftler darin überein, daß es sich um eine komplexe, multifaktorielle Erkrankung handelt, bei der aber Luftverunreinigungen eine maßgebende Rolle spielen. Dabei treten lokal je nach den natürlichen Standortbedingungen, dem Lokalklima und der lokal und regional stark unterschiedlichen Art und Intensität der Immissionen die verschiedenen Faktoren in unterschiedlichen Kombinationen und mit verschiedenem Gewicht auf, und auch die Reaktion der Einzelbäume hängt stark von ihren individuellen Standortverhältnissen, ihrer Lebensgeschichte und ihrer Eignung für einen bestimmten Standort ab. Daneben spielen allerdings lokal und in gewissen Regionen auch klassische Rauchschäden eine Rolle; dies gilt vor allem für die großflächigen Waldzerstörungen im Erzgebirge, im Riesengebirge und in anderen Gegenden der DDR, der CSSR und Polens, wo die Hauptgefahr für den Wald durch die Verbrennung von sehr schwefelreicher Braun- und Steinkohle in Kraftwerken und Industriebetrieben ohne Filterung der Abgase hervorgerufen wird.

Nachdem schon 1978 die Baden-Württembergische Forstliche Versuchs- und Forschungsanstalt Versuchsflächen in erkrankten Tannen- und ab 1981 auch in Fichtenbeständen eingerichtet hatte, um den Verlauf der Erkrankung zu verfolgen, wurde im Sommer 1983 erstmals im ganzen Bundesgebiet eine Waldschadensinventur durchgeführt, wobei aber die verschiedenen Bundesländer nicht einheitlich vorgingen, so daß die Zahlen nicht ohne weiteres vergleichbar waren. 1984 erfolgte die bundesweite Inventur mit einer einheitlichen Methodik und wurde seither jedes Jahr wiederholt. Andere Länder, vor allem die Schweiz, Österreich, Ostfrankreich u.a. erhoben ihre Waldschäden teilweise mit identischen, teilweise zum mindesten mit vergleichbaren Methoden. 1986 wurde im Rahmen der Europäischen Wirtschaftskommission der Vereinten Nationen (ECE) eine gemeinsame Waldschadensinventur vereinbart, an der die Länder West- und Osteuropas teilnehmen und deren erste Ergebnisse im Sommer 1987 veröffentlicht wurden.

Als Kriterium für den Grad der Erkrankung wurde in der Regel der Nadel- bzw. Blattverlust und der Grad der Vergilbung gewählt. Deren Beurteilung ist relativ einfach und führt nach entsprechendem Training der Aufnahmetrupps zu durchaus vergleichbaren und reproduzierbaren Ergebnissen, wobei allerdings nicht eindeutig geklärt ist, wie weit der Grad der Entnadelung tatsächlich den Grad der Erkrankung eines Baumes widerspiegelt. Deshalb wird zunehmend die sogenannte terrestrische Waldschadensinventur, die auf leicht erfaßbare äußere Merkmale abstellen muß, durch eine Beurteilung des Gesundheitszustandes der Wälder mit Methoden der Fernerkundung ergänzt. Diese Methoden beruhen darauf, daß die spektrale Remission des eingestrahlten Sonnenlichtes bei gesunden und kranken Bäumen unterschiedlich ist. Der Vergleich der terrestrischen Inventuren mit auf Fernerkundung basierenden Verfahren ergab bisher in der Regel eine weitgehende Übereinstimmung.

Dank der wiederholten Inventuren verfügen wir heute über ein recht gutes Bild der räumlichen Verteilung und des Ausmaßes der Walderkrankung. In Westeuropa sind die Niederlande, die Bundesrepublik, die Schweiz und Österreich am stärksten betroffen. Die Erkrankung tritt weitverbreitet auf, wobei aber bisher der überwiegende Teil der Wälder in geringem Ausmaß geschädigt ist. Die schweren Schäden konzentrieren sich in bestimmten Regionen und vor allem in den höheren Lagen der Mittelgebirge über etwa 700-800 m sowie am nördlichen Alpenrand und in einigen großen Alpentälern. In der Regel sind die über 60jährigen Bestände stärker betroffen als jüngere Bestände.

Im zeitlichen Verlauf war der Schadensfortschritt vor allem zwischen 1981 und 1984 sehr rasch; seither ist eine Verlangsamung eingetreten, die auf die für den Wald günstigen Witterungsbedingungen mit hohen Frühjahrsniederschlägen und mäßig trockenen Sommern zurückgeführt werden kann. Vor allem in den bisher weniger stark betroffenen Gebieten ist eine gewisse Stabilisierung und in einigen Fällen sogar eine Tendenz zu einer leichten Verbesserung des Gesundheitszustandes festzustellen, während die bereits stark geschädigten Bestände und die Hochlagenbestände meist eine weiter fortschreitende Verschlechterung des Gesundheitszustandes zeigen. Die Lage in den weniger betroffenen Gebieten ist aber nach wie vor labil, und es ist zu befürchten, daß in Jahren mit weniger günstigen Wuchsbedingungen sich der Schadensfortschritt wieder stark beschleunigt.

In allen von der Walderkrankung betroffenen Ländern wird sehr intensiv und mit großem Mittelaufwand über Ursachen und Abläufe der Walderkrankung geforscht. Diese Forschungsarbeiten sind aber sehr komplex und zeitraubend. Einmal sind Bäume komplizierte, langlebige und sich nur langsam entwickelnde Lebewesen, über deren Physiologie, im Gegensatz zu vielen krautigen Pflanzen, sehr wenig bekannt ist. Die langsame Entwicklung und die Größe der Bäume erschweren Versuche unter kontrollierten Laborbedingungen. Krone und Wurzelraum eines Baumes stehen in enger Wechselwirkung und normalerweise in einem bestimmten Gleichgewicht zueinander. Schäden im Wurzelbereich beeinträchtigen die Wasser- und Nährstoffversorgung der Krone und damit die Assimilation. Schädigungen des Assimilationsapparates in der Krone wiederum verschlechtern die Versorgung der Wurzeln mit Assimilaten und führen zu einer Verminderung des Wurzelwachstums oder zum Absterben von Wurzeln. Die direkte Beobachtung im Wurzelbereich der Bäume ist kaum oder nur mit großem technischen Aufwand möglich. Zudem bestehen enge Symbiosen zwischen Feinwurzeln und Mykorrhiza-Pilzen, welche für die Ernährung und Gesundheit der Bäume eine große Rolle spielen und auf Störungen sehr empfindlich reagieren. Allein schon aus diesen Gründen ist es äußerst schwierig festzustellen, ob der primäre Ansatzpunkt der Schädigung vorwiegend im Wurzel- oder im Kronenraum oder aber an beiden Orten zu suchen ist.

Luftschadstoffe können als Gase oder Aerosole beim Gaswechsel der Pflanzen durch die Spaltöffnungen in das Innere von Nadeln und Blättern gelangen und dort den Assimilationsapparat oder hormonale Regulierungsvorgänge stören. Trockene und nasse Depositionen auf der Nadel- und Blattoberfläche können die Kutikula angreifen und möglicherweise die Auswaschung von Nährstoffen durch saure Niederschläge bewirken.

Ein wesentlicher Teil der Luftschadstoffe gelangt aber auch durch trockene oder nasse Depositionen auf die Bodenoberfläche. Diese Deposition ist im Wald 5-10 mal größer als im Freiland, da die riesige Blatt- und Nadeloberfläche und die spezifische räumliche Struktur des Waldes einen sehr wirksamen Luftfilter bilden, der vor allem staubförmige und als Aerosole vorkommende Partikel aus der durchströmenden Luft auskämmt. Die auf die Bodenoberfläche gelangenden Wasserstoffionen und Nährstoffe (vor allem Nitrate und Ammonium, in geringerem Maße auch Calcium, Kalium und Phosphor) verändern den Bodenchemismus und damit das Umfeld der Wurzelaktivitäten. In den meisten Fällen wird die Bodenreaktion saurer, was die Auswaschung gewisser Nährstoffe erleichtert und oft zur Anreicherung von freien Aluminiumionen führt, die auf gewisse Mikroorganismen, Mykorrhizen und Wurzeln toxisch wirken können. Durch den Vergleich früherer Bodenanalysen mit dem heutigen Zustand kann an vielen Stellen eine sehr starke

Veränderung von Säuregrad und Nährstoffgehalten innerhalb weniger Jahrzehnte festgestellt werden. Bis zu einem gewissen Grade können aber vor allem Stickstoffeinträge auch als Dünger wirken und auf armen Standorten das Baumwachstum begünstigen. Auch solche Erscheinungen erschweren das Erkennen kausaler Zusammenhänge der Walderkrankung.

Daß die Walderkrankung oft mit eindeutigen Ernährungsstörungen verbunden ist, ist heute unbestritten. Je nach dem Chemismus des geologischen Untergrundes tritt an bestimmten Stellen Magnesium-, an anderen Orten Kalimangel auf. Möglicherweise wird die mangelhafte Nährstoffversorgung durch die Auswaschung aus Nadeln und Blättern noch verstärkt. Durch gezielte Düngungsmaßnahmen kann u.U. der akute Nährstoffmangel vorübergehend behoben und eine gewisse Revitalisierung der Bäume erreicht werden. Dabei handelt es sich aber lediglich um eine Symptombekämpfung, nicht um eine Heilung der Walderkrankung, da die Nährstoffverluste weitergehen und die eigentlichen Ursachen nicht behoben werden.

Nach übereinstimmender Auffassung sind vor allem SO_2, Stickoxyde und Kohlenwasserstoffe sowie durch chemische Umsetzungen in der Atmosphäre unter dem Einfluß ultravioletter Strahlung entstandene Sekundärprodukte, in erster Linie Peroxyde - von denen möglicherweise das Ozon die größte Bedeutung hat - die für die Auslösung der Walderkrankungen maßgebenden Faktoren. Es ist aber auch denkbar, daß unter den unendlich vielen chemischen Verbindungen, die in der industrialisierten Welt in die Atmosphäre gelangen, noch andere Stoffe sind, die das Pflanzenwachstum oder den Bodenchemismus beeinträchtigen. Außerdem wurde auch nachgewiesen, daß Synergismen von mehreren Schadstoffen eine wesentliche Bedeutung haben.

Der größte Teil der Schadstoffe stammt aus Verbrennungsvorgängen von fossilen Energieträgern. Hauptquellen sind Großkraftwerke, Industriebetriebe, Hausbrand und der Motorfahrzeugverkehr. Durch die Verwendung schwefelärmerer Brennstoffe, Abgasreinigung und bessere Ausnützung der Energie ist in den letzten Jahren der Ausstoß von SO_2 nicht mehr angestiegen und geht zurück. Auch in den nächsten Jahren ist mit einem weiteren Rückgang zu rechnen. Dagegen nimmt der Ausstoß von Stickoxyden, die zu einem überwiegenden Teil aus dem Straßenverkehr stammen, noch immer zu und gewinnt damit an Bedeutung. In Gegenden mit hohen Viehkonzentrationen trägt die Massenviehhaltung durch ihre Ammonium-Produktion nicht unwesentlich zur Walderkrankung bei.

Die Walderkrankungen können nicht durch forstliche Maßnahmen geheilt oder behoben werden. Das einzige entscheidend wirksame Mittel ist die Verminderung der Luftverunreinigungen, die auch im Hinblick auf die gesundheitlichen Folgen für den Menschen und nicht zuletzt wegen der großen Schäden an Bauwerken und Kulturdenkmälern dringend notwendig ist. Diese Erkenntnis ist wohl Allgemeingut geworden, hat aber in der Praxis noch zu keinen wirklich durchgreifenden Maßnahmen geführt. Wohl wurde in der Bundesrepublik und in einigen anderen Ländern durch gesetzliche Vorschriften (z.B. TA-Luft, Großfeuerungsanlagen-Verordung) der Ausstoß von Schadstoffen etwas gesenkt und wird in den nächsten Jahren noch weiter absinken. Besonders unbefriedigend ist aber die Lage im Verkehrssektor, wo vor allem der Stickoxydausstoß vorläufig noch weiter zunimmt.

Bei nüchterner Betrachtung ist daher festzustellen, daß in den nächsten Jahren die eigentlichen Ursachen der Walderkrankungen nur wenig vermindert weiter wirken werden. Die Walderkrankung wird daher weitergehen, wobei je nach der jeweiligen Jahreswitterung die Fortschritte mehr oder weniger dramatisch sein können. Es ist auch keineswegs auszuschließen, daß sich die Walderkrankung auf die Dauer zu einem eigentlichen Waldsterben mit allen seinen Folgen entwickelt. Dabei handelt es sich um einen schleichenden Prozeß, der vorläufig wenig spektakulär verläuft und daher von weiten Kreisen der Bevölkerung und der Politik aus dem Bewußtsein verdrängt wird oder bei dem man es bei verbalen Absichtserklärungen bewenden läßt. Auch haben andere Umweltprobleme die oft hysterisch reagierende öffentliche Meinung in letzter Zeit von der Walderkrankung abgelenkt und die Frage der Luftverunreinigung durch Abgase in den Hintergrund gedrängt.

1.2 Der Auftrag an den Arbeitskreis

Auf Initiative des Präsidiums der ARL fand im Juni 1984 ein erstes Expertengespräch über die Bedeutung der Waldschäden unter räumlichen und raumplanerischen Aspekten statt. Das Ergebnis dieses Gespräches wurde vom damaligen Präsidenten der ARL wie folgt zusammengefaßt:

1. Die Konstituierung eines Arbeitskreises "Waldschäden" wird vorgenommen.

2. Schwerpunkt einer solchen Arbeitsgruppe müßte sein: die raumstrukturellen Auswirkungen zusammenzustellen, dabei eine regionale unterschiedliche Betrachtung anzulegen nach Waldanteil, Schadensumfang und Wirkungen.

3. Eine umfassende Auswertung der Schadflächen in den Bundesländern ist als Grundlage für eine Bewertung mit Modelluntersuchungen im Hochschwarzwald, Harz, Bayerischen Wald, alpinen Bereich und Münsterland vorzunehmen. Naturraumausstattung, wie auch sozioökonomische Bedingungen, sind zu untersuchen.

4. In ausgewählten Modellräumen sind Szenarien zu entwickeln, die auch einen "GAU" (größter anzunehmender Umfang des Schadens) vor Augen stellen,

d.h., welche Auswirkungen bei extrem ungünstigen Schadensentwicklungen zu erwarten sind. Die räumlichen Auswirkungen sind herauszuarbeiten, an Beispielräumen zu vertiefen.

5. Als Bereiche, die eingehender zu betrachten sind, gelten
   - Forstwirtschaft (Einschlag, Marktentwicklung u.a.)
   - Fremdenverkehr (Erholung, Landschaftsbild u.a.)
   - Ökologische Folgen (im physischen Bereich Erosion, Wasser, Klima und im biotischen Bereich Biotope, Landschaftsentwicklung)
   - Landwirtschaft (wo sie mit Forstwirtschaft in Zusammenhang steht).

Am 21.9.84 konstituierte sich der Arbeitskreis in seiner ersten Sitzung in Frankfurt a.M. wie folgt:

Prof. Dr. H. Steinlin, Institut für Landespflege der Universität Freiburg i.Br. (Vorsitzender)

Prof. Dr. G. Oberbeck, Institut für Geographie und Wirtschaftsgeographie der Universität Hamburg (stellv. Vorsitzender)

Prof. Dr. H. Brabänder, Institut für forstliche Betriebswirtschaftslehre der Universität Göttingen

Dr. G. Brenken, Ministerialdirigent a.D., Mainz

Dr. V. Düssel, Forstdirektor, Ministerium für Landwirtschaft, Weinbau und Forsten, Mainz

Prof. Dr. H. Hautau, Institut für Verkehrswissenschaft der Universität Hamburg

Dr. E. Jobst, Min.Rat i.R., München

Prof. Dr. H. Kiemstedt, Institut für Landschaftspflege und Naturschutz der Universität Hannover

Dipl.Ing. R. Piest, Reg.Dir. im Bundesministerium für Raumordnung, Bauwesen und Städtebau, Bonn

Dipl.Ing. A. Schmidt, Präsident der Landesanstalt für Ökologie, Landschaftsentwicklung und Forstplanung, Recklinghausen

Dipl.Ing. L. Wiederhold, Direktor des Regionalverbandes Südlicher Oberrhein, Freiburg i.Br.

Prof. Dr. R. Zundel, Institut für Forstpolitik, Holzmarktlehre, Forstgeschichte und Naturschutz der Universität Göttingen

Dr. G. Thiede, Min.Rat.a.D., Luxemburg

Arbeitskreis "Räumliche Auswirkungen neuerer agrarwirtschaftlicher Entwicklungen"

Als ständige Gäste und Mitarbeiter des Arbeitskreises wirkten mit:

Prof. Dr. H. Brandl, Baden-Württembergische Forstliche Versuchs- und Forschungsanstalt, Freiburg i.Br.

Dipl.Forstw. H. Burgbacher, Baden-Württembergische Forstliche Versuchs- und Forschungsanstalt, Freiburg i.Br.

Dipl.Geogr./Raumplaner K.H. Hoffmann, Institut für Orts-, Regional- und Landesplanung an der E.T.H. Zürich

E. Lauterwasser, Forstpräsident der Forstdirektion Freiburg i.Br.

Forstdir. A. Verbeek, Forstdirektion Freiburg i.Br.

Als Geschäftsführer des Arbeitskreises arbeitete bis zum 31.3.87:

Ass.d.FD. P. Domes, Institut für Landespflege der Universität Freiburg i.Br.

Vertreter der ARL im Arbeitskreis war:

Dr. V. Wille, Wissenschaftlicher Referent der ARL, Hannover.

Nach eingehender Diskussion des Auftrages und des weiteren Vorgehens kam der Arbeitskreis zum Ergebnis, daß der Schwerpunkt seiner Arbeit die Entwicklung einer problemadequaten Methodik der Erfassung raumwirksamer Folgen der Walderkrankung sein sollte, und daß diese Aufgabe am besten an Hand eines konkreten Fallbeispieles zu lösen wäre. Ausgangspunkt der Überlegungen sollte die Annahme sein, daß die heutigen Ursachen der Walderkrankung noch auf unbestimmte Zeit erhalten bleiben. Unter diesen Voraussetzungen sollte primär abgeklärt werden, was dies für Auswirkungen auf Ökologie, Landschaftsbild, Wirtschaftsstruktur, Arbeitsplätze usw. haben könne und was sich daraus für allgemein verwendbare planerische Konsequenzen ergeben.

Die Aufgabe wurde daher als eine ausgesprochene Querschnittsanalyse gesehen, bei der vor allem die Wechselwirkungen zwischen Walderkrankung und den verschiedenen Wirtschaftssektoren der untersuchten Region im Vordergrund stehen sollte. Die Behandlung eines konkreten Falles sollte darüber hinaus ein Beispiel geben für ähnliche Untersuchungen in anderen Räumen. Die gleichzeitige Behandlung verschiedener Fallbeispiele erschien aus arbeitsökonomischen Gründen nicht möglich zu sein, da alle Mitglieder des Arbeitskreises durch vielseitige andere Aufgaben stark beansprucht waren.

Der Arbeitskreis führte zehn zweitägige Arbeitssitzungen durch. Außerdem wurde eine größere Zahl von konkreten Abklärungen und Ausarbeitungen zu bestimmten Problemen an einzelne Mitglieder und Gäste bzw. kleine Unterarbeitsgruppen vergeben, die dem Plenum des Arbeitskreises vorgelegt und von diesem eingehend diskutiert wurden. In einigen Fällen stellte die ARL gewisse beschränkte Mittel für wissenschaftliche Hilfskräfte und Reisekosten zur Verfügung. Die wesentliche Arbeitslast wurde aber von den Mitgliedern des Arbeitskreises getragen.

Als Fallbeispiel wurde der Bereich des Regionalverbandes Südlicher Oberrhein in Baden-Württemberg gewählt. Dieser Regionalverband mit Sitz in Freiburg i.Br. umfaßt neben wesentlichen Teilen des Hochschwarzwaldes auch Teile der Vorbergzone und der Rheinebene. Forst- und Holzwirtschaft sowie ein stark landschaftsbezogener Fremden- und Erholungsverkehr spielen vor allem im Hochschwarzwald eine bedeutende Rolle, während die klimatisch begünstigten Gebiete der Vorbergzone und der Rheinebene intensiv landwirtschaftlich, vor allem durch Sonderkulturen, genutzt werden. Das Oberzentrum Freiburg i.Br. verfügt über einen besonders ausgeprägten tertiären Sektor. Die Ortschaften am Fuß der Vorbergzone sind außerdem durch mittelständische Industrie- und Gewerbebetriebe gekennzeichnet. In dieser recht vielgestaltigen Region bestehen ausgeprägte Wechselbeziehungen zwischen den verschiedenen Teilregionen, die in vieler Beziehung voneinander abhängen und sich gegenseitig beeinflussen. Daher schien gerade diese Region für die methodischen Überlegungen als besonders gut geeignet. Die Wahl einer regionalplanerischen Einheit bot aber auch große Vorteile, indem bereits für die Region aufgearbeitetes statistisches Material und ein offizieller Regionalplan zur Verfügung stand, was die Arbeit erleichterte.

Neben diesen sachlichen Gründen spielten bei der Wahl des Fallbeispieles aber auch organisatorische und personelle Überlegungen eine Rolle. Der Direktor des Regionalverbandes war selbst Mitglied des Arbeitskreises, und Freiburg als Sitz einer forstlichen Fakultät, der Baden-Württembergischen Forstlichen Versuchs-und Forschungsanstalt sowie einer einen Viertel des Landes Baden-Württemberg umfassenden Forstdirektion, die sich sehr intensiv mit den Walderkrankungen beschäftigt, bot vielfache personelle und sachliche Vorteile. Besonders wichtig für den Erfolg der Arbeit war auch die Gastfreundschaft, die der Regionalverband dem Arbeitskreis bei seinen Sitzungen gewährte sowie die vielseitige technische Hilfe durch den Verband.

2. Die natürlichen und wirtschaftlichen Verhältnisse der Region Südlicher Oberrhein

Der rund 4000 km^2 umfassende Regionalverband Südlicher Oberrhein mit rund 880 000 Einwohnern liegt im äußersten Südwesten der Bundesrepublik Deutschland. Seine Westgrenze gegenüber dem französischen Elsaß bildet der Rhein. Die Ostgrenze verläuft über die Höhen des Schwarzwaldes, während die nördliche und südliche Grenze durch geographisch weniger hervorstechende Verwaltungsgrenzen gegenüber den Regionalverbänden Hochrhein-Bodensee und Mittlerer Oberrhein gebildet werden. Damit umfaßt das Untersuchungsgebiet Teile der weiten Oberrheinebene, der Schwarzwaldvorbergzone und des eigentlichen Hochschwarzwaldes. Die beiden wichtigsten Städte im Bereich des Regionalverbandes sind Freiburg i.Br. und Offenburg (s. Abb. 1 und Karte "Naturräumliche Gliederung" (Kartentasche)).

2.1 Natürliche Verhältnisse

2.1.1 Geologie, Morphologie und Boden

Das Gebiet des Regionalverbandes Südlicher Oberrhein ist gekennzeichnet durch drei Landschaftseinheiten, die im wesentlichen als Nord-Süd verlaufende, mehr oder weniger parallele Streifen angeordnet sind: die weite, auf einen Grabenbruch zwischen Vogesen und Schwarzwald zurückgehende, im Pleistozän aufgeschotterte Rheinebene, die innerhalb des Untersuchungsgebietes von 225 m bei Neuenburg auf etwa 124 m bei Rheinau absinkt; das 3-8 km breite Hügelland der Vorbergzone mit Höhen von etwa 300-600 m, zu der auch der auf vulkanische Ursprünge zurückgehende und als Insel mitten in der Rheinebene liegende Kaiserstuhl sowie einige aus der Ebene hervorragende Bruchschollen, wie der Tuniberg, gerechnet werden, und schließlich dem eigentlichen Schwarzwald, der am Feldberg mit 1493 m die größte Höhe erreicht und gegen Norden zunächst auf 800-900 m absinkt, bevor er an der Hornisgrinde wieder auf 1164 m ansteigt.

Die Rheinebene nimmt etwa 24 %, die Vorbergzone 19 % und der Schwarzwald 57 % der gesamten Fläche ein. Diese morphologische Dreigliederung spiegelt sich ebenfalls in Geologie, Boden, Klima, Hydrologie, Vegetation und nicht zuletzt auch in Bodennutzung, Siedlung, Verkehr und Wirtschaft wider.

Der Schwarzwald wurde am Rande des Bruchgrabens stärker angehoben als im Osten. Die steile Westflanke gegen die Rheinebene mit der tief angesetzten Erosionsbasis ist daher durch große Reliefenergie mit zahlreichen steilen und tief eingeschnittenen Tälern gekennzeichnet, während er gegen Osten als leicht geneigte Platte abfällt, in die sich die zur Donau entwässernden Bäche und Flüßlein nur wenig eingeschnitten haben.

Abb. 1: Region Südlicher Oberrhein

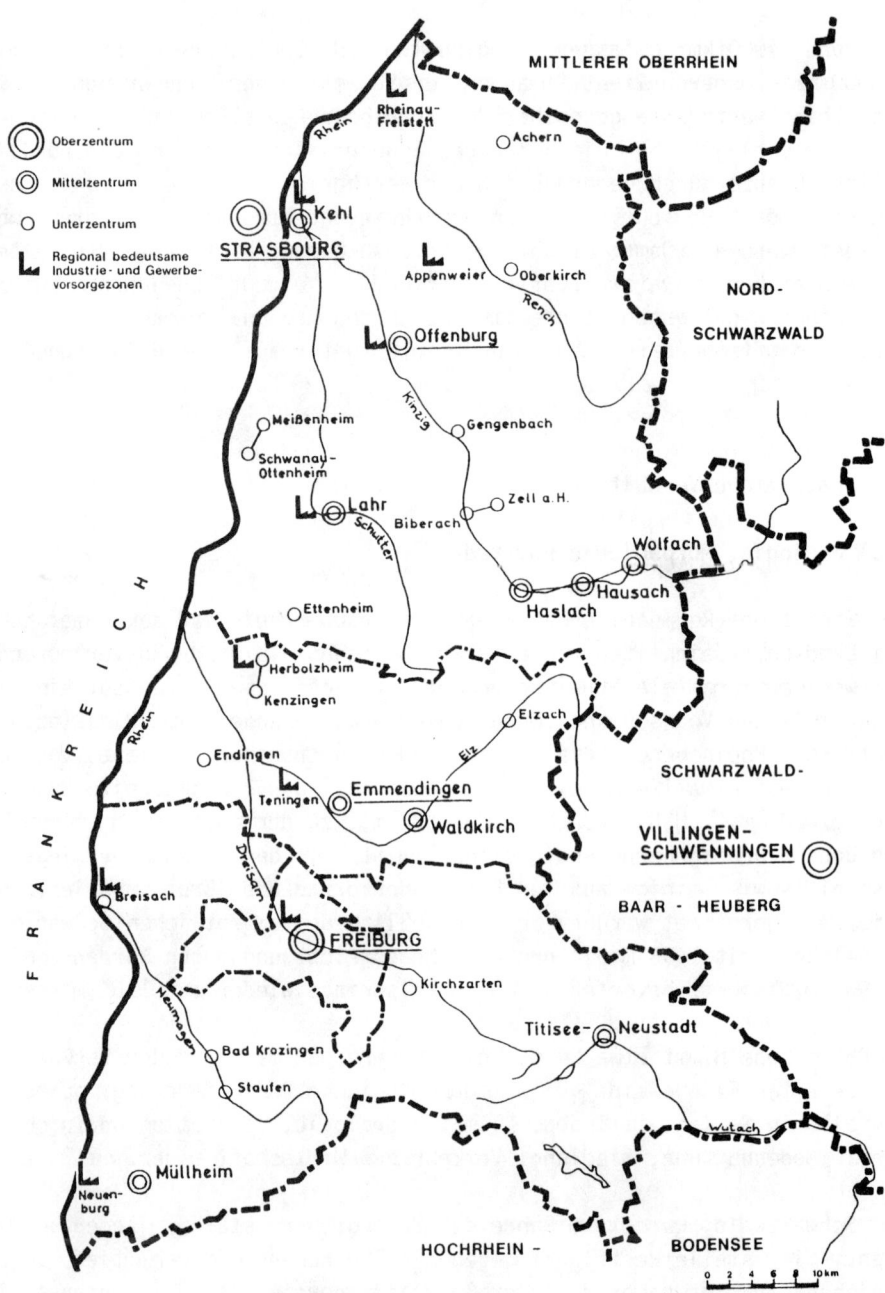

Die Vorbergzone ist ein reich gegliedertes und bewegtes Hügelland, das stark durch tektonische Strukturen - ein Mosaik von durch Längs- und Querbrüche gegeneinander versetzte Schollen - gekennzeichnet ist, die mehr oder weniger deutlich gestaffelt gegen die Rheinebene abfallen. Vor allem der Fuß der Vorbergzone und insbesondere die Inselberge in der Rheinebene sind durch Lößanlagerungen bedeckt, die am Kaiserstuhl bis 30 m Mächtigkeit erreichen können.

Die weite Rheinebene fällt fast unmerklich von Süd nach Nord und von Ost nach West ab. Die vom Schwarzwald kommenden, wenig eingetieften Flußläufe verlaufen dementsprechend in vorwiegend nordwestlicher Richtung zum Rhein. Innerhalb der eigentlichen Rheinebene bildet die tiefer liegende Rheinaue, die bis vor etwa 100 Jahren durch den noch nicht korrigierten und mit seinen unzähligen Armen und Schlingen innerhalb der Rheinaue pendelnden Rhein noch regelmäßig überflutet wurde, einen gewissen Gegensatz zur Niederterrasse, die außerhalb des Überschwemmungsbereiches lag und von diesem durch eine deutliche Terrassenkante abgehoben ist. Ebenfalls in die Niederterrasse leicht eingetieft sind die mehr oder weniger breiten, flachen Niederungen der verschiedenen Zuflüsse zum Rhein.

Geologisch gehört die Region Südlicher Oberrhein zu zwei geotektonischen Großeinheiten, der Hochscholle des Schwarzwaldes im Osten und dem staffelartig abgesenkten Oberrheingraben im Westen.

Innerhalb des Schwarzwaldes unterscheidet sich der zentrale Bereich, der aus kristallinen Grundgebirgsgesteinen aufgebaut wird und auch am höchsten ist, vom Deckgebirgsbereich, der hauptsächlich aus Buntsandstein besteht, welcher dem kristallinen Bereich auflagert. Der Kristallinschwarzwald besteht im wesentlichen aus Gneisen und Graniten, z.T. haben aber auch paläozoische Vulkanite (Quarzporphyre und Tuffe) größeren Anteil am Gebirgsaufbau.

Der Deckgebirgsschwarzwald besteht hauptsächlich aus quarzreichen, z.T. auch tonigen Schichten des Buntsandsteins. In der im Osten angrenzenden Baar, an der aber die Region Südlicher Oberrhein nur marginal partizipiert, dominieren Gesteine des Muschelkalks und des Keupers, die für die süddeutschen Schichtstufenlandschaften charakteristisch sind. Die Hänge und Hochflächen des Schwarzwaldes sind weitgehend von glazialen Grundmoränen und periglazialen Schuttsedimenten überzogen. Am Schwarzwald-Westrand sind unterhalb von 600 m geringmächtige Lößanwehungen vorhanden, während die ausgeräumten Talböden mit kiesigen bis lehmigen Sedimenten gefüllt sind.

Die Vorbergzone gliedert sich aufgrund der geotektonischen Strukturen auch geologisch in verschiedene Abschnitte. Die "randliche Vorbergzone", die sich unmittelbar westlich an den Schwarzwald anschließt, ist ein Schollenmosaik aus

Sedimentgesteinen des Mesozoikums und des Tertiärs. Westlich davon besteht die "äußere Grabenrandzone" aus einer mit Tertiär- und Quartärablagerungen gefüllten Senke. Im Übergang zur Rheinebene folgt dann die Grabenrandscholle, für die einzelne lößbedeckte Schollen aus Trias und Jura typisch sind. Der üblicherweise ebenfalls zur Vorbergzone gerechnete Kaiserstuhl ist ein Vulkangebirge miozänen Alters, das aber bis auf eine Höhe von etwa 400 m mit einer mächtigen Lößschicht bedeckt ist.

Die Niederterrasse der Rheinebene ist durch mächtige Lockergesteinsablagerungen gekennzeichnet, die teilweise aus dem Schwarzwald, teilweise durch den Rhein aber aus dem Jura und den Alpen abgelagert wurden. Sie bestehen aus Sanden, Kiesen und häufig eingelagerten Tonbändern wechselnder Stärke. In weiten Bereichen trägt die Niederterrasse eine Auflage aus Schwemmlöß- und Hochflutlehm. Die eigentliche Rheinaue ist eine Flachebene aus lehmbedeckten Schottern.

Entsprechend den geologischen, morphologischen und klimatischen Verhältnissen sind auch die Böden sehr vielgestaltig.

Im Grundgebirgsschwarzwald überwiegen die aus jungen Schuttablagerungen hervorgegangenen Böden, während die anstehenden Gneise und Granite lediglich in morphologisch exponierten Bereichen direkt bodenbildend auftreten. Die Böden der glazial überprägten hochmontanen Zone im Gneisbereich setzen sich in Hangzonen u.a. aus Moderbraunerden und Humusbraunerden zusammen; örtlich sind die Böden vergleyt. Für die Bereiche der basenarmen sandigen Endmoränen, Sandablagerungen und Terrassen des Gneisgebirges sind dagegen Podsole und Böden der Braunerde-Podsolreihe typisch. In ausgesprochenen Erosionslagen kommen Syroseme, Tangelranker mit mächtiger Rohhumusauflage auf anstehendem Fels sowie typische Ranker vor.

Die Böden der Granitbereiche haben dank des extrem sauren Chemismus und des grobkörnigen Verwitterungsgefüges, eine besondere Ausprägung. Hier finden sich flächig verbreitete, tiefgründige Humuseisenpodsole. Hangabwärts folgen die im den Granitbereich insgesamt vorherrschenden Braunerde-Podsole, Podsol-Braunerden und Braunerden. Auf lehmigeren Substraten findet man mit einer moder- bis rohhumusartigen Auflage tiefgründige Mullbraunerden und Braunerden, die Anzeichen einer Aluminiumverlagerung aufweisen.

Für den Deckengebirgsschwarzwald sind nährstoffarme Braunerde-Podsole und Podsole typisch, bevorzugt auf Kuppen. Auf Hanglagen mit quarzitischen Sandsteinen findet man auch Eisenhumuspodsole. Stagnogleye, Torfgleye, Ockererden und Waldmoore bilden im Buntsandsteinschwarzwald die häufigsten Bodentypen in Senken.

Hydromorphe Böden konzentrieren sich im gesamten Schwarzwald vor allem auf Hochflächen, flache Hänge, Quellmulden und Karböden. Der typische Stauwasserboden ist ein Stagnogley, häufig sind auch Hanggley und Ockererden. Innerhalb größerer Stagnogleyvorkommen ist es bei günstigen morphologischen Bedingungen zu Torfbildung gekommen. Es entstanden Waldmoore in Hanglagen und Hochmoore in Plateaulagen. Die häufigsten Böden der Bachtäler sind Torfgleye, Naßgleye und Niedermoore.

In der montanen Stufe des Schwarzwaldes (500-900 m) herrschen z.T. erheblich versauerte Braunerden vor; an Unterhängen sind Braunerden, in stark vernäßten Hangnischen auch Hanggleye häufig. In der lößbeeinflußten submontanen Stufe (unter 600 m) findet man mäßig nährstoffreiche Braunerden bzw. Parabraunerden verschiedener Ausprägung sowie Pseudogleye. Typische Böden der Auen der größeren Bäche in der submontanen Zone sind Gleye, Oxigleye auf sandig-kiesigen Sedimenten sowie Gleye aus jungen Auelehmdecken.

In der Vorbergzone sind aus der Lößbedeckung durch intensive Nutzung gering entwickelte Übergangsstadien zwischen Lößzyrosem und Pararendzina hervorgegangen. Lediglich im mittleren und unteren Bereich sind pseudovergleyte Parabraunerden entstanden. In den oberen Lagen der Vorbergzone sind oft die mesozoischen bis tertiären Gesteine direkt bodenbildend. Auf Kalksteinen haben sich flachgründige und skelettreiche Rendzinen entwickelt. Schlecht durchlüftete Terra fusca-Bodenbildungen sind besonders im Bereich der relativ eisenreichen Dogger- und Tertiärgesteine verbreitet. Über tonigen Gesteinen haben sich tonreiche, plastische, quellende und schrumpfende, in der Wasserversorgung stark schwankende Pelosole entwickelt.

Im auch der Vorbergzone zugerechneten Kaiserstuhl finden wir auf lößarmen bis lößfreien Rücken zumeist flachgründige, sandig-lehmige bis lehmig-tonige nährstoffreiche Ranker. In Hangfußlagen folgt häufig der Braunerde-Pelosol, bei höherer Lößbeimischung die kalkhaltige Pararendzina. Die Böden des randlichen, weinbaulich genutzten Lößgürtels sind in ihrer Entwicklung durch die langfristige Intensivnutzung gestört. Es herrschen hier Pararendzina sowie Lößzyrosem mit Übergangsstadien vor. In den meist wasserarmen Talungen sind kolluviale Pararendzinen und Gleye entwickelt.

In der Rheinebene treten auf der Niederterrasse auf feinsandigen Lehmböden vorwiegend Parabraunerden sowie Gleye und Braunerden unterschiedlicher Ausprägung auf. In der Rheinaue überwiegen kalkreiche graue Aueböden, welche sich bei fortschreitender Austrocknung zu rendzinaartigen Aueböden weiterentwickeln. Die feuchteren Niederungen entlang der Rheinzuflüsse weisen Aue- und Gleyböden auf; sie konnten sich jedoch nur dort erhalten, wo die künstliche Grundwasserentnahme keine Absenkung des Grundwasserspiegels bewirkte.

2.1.2 Klima und Hydrologie

Das Klima der Region Südlicher Oberrhein ist durch die auf kürzester Distanz in west-östlicher Richtung auftretenden Höhenunterschiede geprägt. Neben den unterschiedlichen Höhenlagen wirken sich auch die Luv- und Lee-Effekte klimatisch stark aus, vor allem auf die Niederschläge.

Die Rheinebene und der Kaiserstuhl liegen im Regenschatten der Vogesen. Die bei den häufigen West- und Südwestlagen über die Vogesen streichenden und ins Rheintal absinkenden Luftmassen unterliegen zudem einem deutlichen Föhneffekt. Der Westteil der Region und insbesondere der Kaiserstuhl gehören daher zu den trockensten und wärmsten Gebieten der Bundesrepublik. Die Station Oberrotweil auf 210 m am Fuße des Kaiserstuhls hat eine mittlere Jahrestemperatur (1970-1983) von 11,4 °C. Die Niederschlagsmengen in der westlichen Rheinebene und dem Kaiserstuhl liegen zwischen 600 und 700 mm. Im Jahresdurchschnitt wird der Niederschlag von der Verdunstung übertroffen. In der Nacht und im Winter ist allerdings die Rheinebene deutlich kühler als die Vorbergzone und auch die Insel des Kaiserstuhls, da sich in der Ebene oft ein Kaltluftsee bildet. Daraus ergibt sich auch eine erhöhte Frostgefährdung, vor allem im Frühjahr und Herbst.

Mit zunehmender Annäherung an den Schwarzwald nehmen die Niederschlagsmengen gegen Osten rasch zu. Sie erreichen im Raum Offenburg-Freiburg-Müllheim bereits 900-1000 mm bei mittleren Jahrestemperaturen von 9,5-10,5 °C. Dank höherer Niederschläge bei nur wenig tieferen Temperaturen und geringerer Frostgefährdung sind die untere Vorbergzone und der Kaiserstuhl gegenüber der eigentlichen Rheinebene klimatisch sogar noch begünstigt, was vor allem auch dem Weinbau zugute kommt.

Am Schwarzwald-Westrand steigen die Niederschlagsmengen mit der Höhe sehr stark an, die Temperaturen dagegen nehmen stark ab. Auf eine Entfernung von nur 10-15 km nimmt der Niederschlag um 800-1000 mm zu und erreicht im Gebiet Belchen-Feldberg-Hornisgrinde 1800-2100 mm. Die mittleren Jahrestemperaturen liegen auf 600-700 m zwischen 7,1 und 7,6 °C, auf 1000 m bei 5,5-6,0 °C, bei 1200 m bei knapp 5,0 °C und auf dem Feldberg mit 1500 m bei 3,2 °C.

Typisch für den Schwarzwaldrand und die Schwarzwald-Hochlagen sind Starkniederschläge, die in den tieferen Lagen meist in Begleitung sommerlicher Gewitter mit Unwettercharakter fallen. In höheren Lagen bringen Stau- und Aufgleitniederschläge noch ergiebigere Mengen als Gewitterregen, vor allem dann, wenn Aufgleitvorgänge tagelang anhalten und durch labile Umlagerungen noch verstärkt werden. Die höchsten in Freiburg gemessenen Tagesniederschläge übersteigen 75 mm. Die Starkniederschläge führen oft zu verheerenden Hochwässern, deren Wirkung durch die steilen Hänge und meist engen und steilen Täler noch verstärkt wird.

Die höheren Lagen des Schwarzwaldes sind schneereich. Oberhalb 900-1000 m trifft man im Durchschnitt in den Monaten Dezember bis März an 85-95 Tagen eine Schneehöhe von mindestens 20 cm und an 52-70 Tagen von mindestens 30 cm an. Oberhalb 1200 m zählt man schon 105 Tage mit mehr als 20 cm und 96 Tage mit mehr als 30 cm. Für den Feldberg ergibt sich aus den bis 1887 zurückreichenden Beobachtungen eine mittlere Andauer der Winterschneedecke vom 28.11. bis zum 25.4. (149 Tage). Schneedeckentage insgesamt gab es im Mittel 177 und das mittlere Schneehöhenmaximum erreichte 175 cm, wobei an 97 Tagen mindestens 50 cm und an 49 Tagen im Mittel mindestens 100 cm Schnee lagen.

Wie kaum eine andere Gegend Deutschlands ist daher die Region Südlicher Oberrhein durch sehr große klimatische Gegensätze gekennzeichnet. Der Kaiserstuhl und Teile der Rheinebene gehören zu den trockensten und wärmsten Gebieten der Bundesrepublik, während der Hochschwarzwald - sofern man vom Hochgebirge absieht - zu den kühlsten, schneereichsten und feuchtesten Gebieten zählt.

Für das Oberrheingebiet bezeichnend sind aber auch die besonders im Herbst und Winter auftretenden Inversionswetterlagen mit Nebel oder Hochnebel über der Rheinebene und Sonnenschein und höheren Temperaturen auf den Schwarzwaldhöhen. Die Obergrenze des Nebels liegt in 80 % der Nebeltage oberhalb von 600 m. Bei Westwindwetterlagen dagegen sind oft die Schwarzwaldhöhen, vorwiegend an deren Westrand, innerhalb der Wolkendecke. Sowohl die Inversionslagen als auch die Wolkennebel der exponierten Hänge und Gipfel spielen wahrscheinlich eine nicht unwesentliche Rolle bei den Walderkrankungen.

Bei den Oberflächengewässern spielt der Rhein als Hauptwasserader des Landes und als Vorfluter für den weit überwiegenden Teil der Region die größte Rolle. Entsprechend seinem gewaltigen Einzugsgebiet, das alle Höhenlagen und auch stark vergletscherte Gebiete umfaßt, weist er verhältnismäßig geringe jährliche Abflußschwankungen auf. Hingegen hat er durch Korrektion und Wasserableitung, vor allem durch den elsässischen Rheinseitenkanal, seinen natürlichen Charakter weitgehend verloren.

Die wichtigsten Flußtäler im Schwarzwald und in der Vorbergzone sind das Münstertal, das Dreisamtal, das Elztal, das Schuttertal, das Kinzigtal, das Renchtal und das Achertal. Allen ist die allgemeine Ost-Westrichtung, der tiefe Einschnitt ins Gelände und der unregelmäßige Verlauf der Talsohle mit ausgesprochenen Steilpartien und flacheren Becken gemeinsam. Die Wasserführung der Fließgewässer ist unregelmäßig und hängt wesentlich von Starkniederschlägen und Schneeschmelzen ab. In den flachen Talausgängen und im Übergang zur Rheinebene verursachten sie früher ausgedehnte und gefährliche Überschwemmungen, weshalb die Schwarzwaldflüsse schon seit langem korrigiert und verbaut sind.

Die Region Südlicher Oberrhein ist ausgesprochen arm an natürlichen Seen. Im Schwarzwald findet man lediglich den künstlich aufgestauten Schluchsee, den Titisee mit 1,3 km^2 Fläche, den Feldsee mit 0,3 km^2 sowie im nördlichen Teil den noch kleineren Mummelsee. Infolge des Kiesabbaues in der Rheinebene sind dagegen viele künstliche Baggerseen entstanden, denen heute oft eine wichtige Rolle als Naherholungsgebiet zukommt.

Von überregionaler Bedeutung sind die großen Grundwasservorkommen in der Rheinebene. In den tiefreichenden Lockergesteinen befinden sich riesige, zum Teil durch undurchlässige Schichten voneinander getrennte Grundwasserkörper. Diese werden teilweise vom Rhein selbst, überwiegend aber aus der Vorbergzone und dem Schwarzwald genährt, und fließen im wesentlichen parallel zum Rhein oder in nord-westlicher Richtung auf ihn zu. Der Flurabstand des Grundwassers wechselt stark. Durch die natürliche Eintiefung des Rheinbettes seit der Rheinkorrektion und vor allem auch durch den Rheinseitenkanal ist vor allem im südlichen Bereich der Grundwasserspiegel sehr stark abgesunken und liegt heute stellenweise bis 19 m unter Flur. Auch die starke Grundwassernutzung, die Versiegelung in den dicht besiedelten Räumen und die Korrektion der seitlichen Zuflüsse des Rheins haben zu den großflächigen Grundwasserabsenkungen beigetragen. Durch den Aufstau des alten Rheinlaufes mit Hilfe der sogenannten Kulturwehre wird versucht, mindestens teilweise den Grundwasserspiegel wieder anzuheben.

Im Grundgebirgsschwarzwald konzentrieren sich die größeren Grundwasservorkommen auf die mit mächtigen Lockergesteinen gefüllten Senken und Täler, etwa des Zartener Beckens. Im Deckgebirgsschwarzwald gibt es ergiebige Grundwasservorkommen außerhalb der Täler auch innerhalb der Buntsandsteinschichten, in der Vorbergzone außer in Buntsandsteinkomplexen auch in Muschelkalk- und Juragesteinen.

Während im Buntsandsteinschwarzwald die Verschmutzungsgefahr groß bis mittelgroß ist, sind die Grundwasservorkommen in der Rheinebene in der Regel durch Deckschichten aus Hochflutlehm besser geschützt. Dennoch nimmt gerade in der Rheinebene die Kontamination des Grundwassers als Folge der intensiven Landwirtschaft mit ihren Sonderkulturen (Mais und Weinbau) durch Nitrate und Herbizide und im Bereich der Industrie- und Siedlungsgebiete durch chlorierte Kohlenwasserstoffe und andere schwer abbaubare Produkte stark zu.

2.1.3 Vegetation

Als Folge der enormen klimatischen Variation und der unterschiedlichen Bodenverhältnisse sind die Standortbedingungen für die natürliche Vegetation sehr vielgestaltig. Sowohl die Rheinebene als auch die Vorbergzone und der eigentliche Schwarzwald sind von Natur aus Waldgebiete.

Die potentielle natürliche Vegetation der Rheinebene ist der planare Stieleichen-Hainbuchen-Mischwald, der in der Vorbergzone von meist eichenreichen kollinen Laubmischwäldern abgelöst wird. Im Schwarzwald treten dann alle Übergänge auf vom atlantisch-submontanen Buchen-Eichen-Tannenwald in der unteren Stufe über den montanen Buchen-Tannenwald mit einzelnen Fichtenvorkommen bis zum hochmontanen Tannen-Fichten-Buchenwald.

Die natürlichen Waldgesellschaften sind heute kaum noch in ihrer ursprünglichen Form anzutreffen. Der Mensch hat die Wälder auf großen Flächen gerodet und die noch vorhandenen Wälder meist stark verändert. Entlang des Rheins ist in der Niederung teilweise noch ein Saum von Auewäldern erhalten geblieben, der stellenweise von Altwässern durchzogen ist. Auf der Niederterrasse und in der Vorbergzone herrscht heute weitgehend landwirtschaftliche Nutzung vor, während der Schwarzwald überwiegend bewaldet ist und die Waldfläche in den letzten 150 Jahren sogar sehr stark zugenommen hat. Besonders waldreich sind die ärmeren Standorte des Buntsandsteins, während der kristalline Grundgebirgsschwarzwald durch ein Mosaik von Wald, Grünland und Acker gekennzeichnet ist, das den Landschaftscharakter des Südschwarzwaldes bestimmt.

Pflanzengeographisch sind für Rheinebene, Kaiserstuhl und Vorbergzone viele Arten kontinentaler und mediterraner Verbreitung kennzeichnend, wie beispielsweise Flaumeiche und Diptam. In den warmen Lößgebieten, vor allem im Kaiserstuhl, kommen außerdem zahlreiche Orchideen und andere seltene Pflanzen wie Küchenschelle und Frühlingsadonisröschen vor. Die natürliche Vegetation des Schwarzwaldes enthält dagegen viele montane (z.T. auch hochmontane und alpine) sowie atlantische Arten, wie Aurikel und Alpensoldanelle oder den Roten Fingerhut und die Stechpalme.

2.2 Demographische und wirtschaftliche Verhältnisse

2.2.1 Bevölkerung

Der Regionalverband Südlicher Oberrhein ist nach der Fläche der zweitgrößte und mit seinen 880 000 Einwohnern der Einwohnerzahl nach der drittgrößte der zwölf Regionalverbände Baden-Württembergs. Die Bevölkerungsdichte liegt mit 126 Ew/km^2 jedoch unter dem Durchschnitt des Landes, der 259 Ew/km^2 beträgt.

Mit dem Verdichtungsraum Freiburg ist die Region Südlicher Oberrhein neben den Regionen Mittlerer Neckar (Stuttgart), Unterer Neckar (Mannheim-Heidelberg) und Mittlerer Oberrhein (Karlsruhe) die vierte Region mit einem Verdichtungsraum.

Im Gegensatz zu den drei übrigen Regionen mit Verdichtungsräumen weist aber der Südliche Oberrhein in der Periode 1974/1985 keinen Bevölkerungsrückgang, sondern sogar eine deutliche Bevölkerungszunahme auf. Mit nahezu 30 000 zusätzlichen Einwohnern ergibt sich sogar die mit Abstand größte Bevölkerungszunahme aller Regionen. Die starke Bevölkerungszunahme ist sowohl auf einen Geburtenüberschuß als vor allem auf eine große Zuwanderung zurückzuführen. Unter den Regionen mit Ballungsräumen ist die Region Südlicher Oberrhein auch die einzige Region, die sowohl einen natürlichen Bevölkerungszuwachs als auch eine positive Wanderungsbilanz zeigt. Mit 3700 Personen ist allerdings das natürliche Wachstum bescheiden und rund 88 % der Bevölkerungszunahme entfällt auf den Wanderungsgewinn.

Die hohen Wanderungsgewinne der Region Südlicher Oberrhein sind einerseits auf die Zuwanderung von 18-25jährigen (ausbildungsorientierte Wanderung) und von über 65jährigen (Altenwanderung) zurückzuführen. Den Wanderungsgewinnen in diesen beiden Altersgruppen stehen gewisse Wanderungsverluste bei den Erwerbspersonen gegenüber, wobei die Abwanderung vor allem in andere Regionen Baden-Württembergs erfolgt. Das gesamte Bevölkerungswachstum konzentriert sich auf den südlichen Teil der Region, während der nördliche Teil der Region durchwegs kleine Bevölkerungsverluste aufweist. Den absolut höchsten Einwohnerzuwachs mit einem Saldo von 23 600 Personen verzeichnet der Mittelbereich Freiburg, wobei allerdings davon nur 5000 Personen auf den Stadtkreis Freiburg entfallen, der Rest auf den umliegenden Kreis Breisgau-Hochschwarzwald.

Auffallend gering ist in der Region Südlicher Oberrhein der Ausländeranteil. Mit nur 5,5 % gegenüber beispielsweise 13,2 % in der Region Mittlerer Neckar und 9,6 % in der Region Unterer Neckar liegt er für ein Verdichtungsgebiet sehr tief.

Wie in allen anderen Regionen Baden-Württembergs hat auch im Südlichen Oberrhein die Zahl der Bewohner im erwerbsfähigen Alter zwischen 15 und 65 Jahren stärker zugenommen als die Gesamtbevölkerung. Dabei weist der Südliche Oberrhein zwischen 1974 und 1985 mit 81 000 Personen oder 15,2 % den jeweils zweithöchsten Zuwachs aller Regionen Baden-Württembergs auf. In absoluten Zahlen war er lediglich in der Region Mittlerer Neckar mit 109 100 Personen größer als im Südlichen Oberrhein.

Diese Entwicklung des Erwerbspotentials hat sich bereits Anfang der 70er Jahre abgezeichnet. Der Anteil der 0-15jährigen an der Gesamtbevölkerung war 1974 mit 23,7 % im Südlichen Oberrhein bereits stärker ausgeprägt als im Landesdurchschnitt und in vergleichbaren Regionen. Allein schon der Altersaufbau der Bevölkerung hat in den vergangenen 10 Jahren in der Region Südlicher Oberrhein die Nachfrage nach Arbeitsplätzen überdurchschnittlich stark ansteigen lassen. Diese Tendenz ist durch die hohen Wanderungsgewinne bei den 18-25jährigen noch verstärkt worden. Die verhältnismäßig hohe Arbeitslosenquote, auf die im Abschnitt 2.2.3.1 noch näher eingegangen wird, zeigt, daß die Neuschaffung von Arbeitsplätzen nicht ganz ausgereicht hat, um die stark angestiegene Nachfrage zu befriedigen.

2.2.2 Verkehrserschließung

Der westliche Teilraum der Region Südlicher Oberrhein, die Rheinebene, ist Teil eines der bedeutendsten europäischen Verkehrskorridore. Über die sogenannte "Rheinschiene" erfolgt ein großer Teil des Güter- und Personenverkehrs zwischen den Ballungsräumen im Nordwesten der Bundesrepublik, den Niederlanden und den Ballungsräumen im Rhein-Main- und Rhein-Neckargebiet einerseits und der Schweiz und Italien andererseits.

Dem Nord-Südverkehr dient einerseits die Wasserstraße Rhein (bzw. Rhein-Seitenkanal) mit den im Untersuchungsgebiet liegenden Häfen Kehl und Breisach sowie weiteren acht Anlegestellen für Kiesschiffe. Kehl verfügt über moderne Anlagen für Umschlag und Lagerhaltung, während der weniger bedeutende Hafen Breisach auch dadurch benachteiligt ist, daß ein direkter Bahnanschluß fehlt. Da der Rhein am äußersten westlichen Rand der Region verläuft und außerdem vor allem dem Transitverkehr dient, ist seine regionalwirtschaftliche Bedeutung aber gering.

Die alte Nord-Süd-Straßenverbindung, die heutige B 3, folgt in ihrem Verlauf der Trennungslinie zwischen Rheinebene und Vorbergzone, wo auch heute noch der Großteil der wichtigen Siedlungen liegt. Die Nahtstelle zwischen der feuchten und hochwassergefährdeten Rheinebene und den lößbedeckten, sonnigen Hangfüßen bildete seit jeher einen klimatisch und verkehrstechnisch begünstigten Siedlungsraum mit vielfältigen Nutzungsmöglichkeiten.

Die um die Mitte des letzten Jahrhunderts großzügig trassierte Eisenbahnlinie Mannheim-Basel folgt im wesentlichen der alten Straßenverbindung, ist aber bereits stärker in die Rheinebene hinein verschoben. Sie stellt heute sowohl für den Güter- als auch den Personenverkehr eine der wichtigsten Nord-Südlinien dar, die den norddeutschen und holländischen Raum mit der Schweiz und über Gotthard und Lötschberg-Simplon mit Italien verbindet. Die Strecke Mannheim-Basel ist eine der Stammlinien des IC-Verkehrs mit regelmäßig stündlicher Bedienung von Freiburg und von Offenburg ab 1991. Ein weiterer Ausbau dieser

Strecke ist vorgesehen und bereits begonnen. Sie wird durch die geplante neue Alpentransversale noch an Bedeutung gewinnen.

Die heute wichtigste Straßenverbindung, die BAB 5 Frankfurt-Basel, verläuft noch etwas weiter westlich in der eigentlichen Rheinebene. Verkehrspolitisch gilt dasselbe wie für die Eisenbahnlinie. Außerdem besteht über Kehl-Straßburg ein Anschluß an die französische Autobahn Straßburg-Paris und südlich Neuenburg ein solcher an die Autobahn Belfort-Besancon-Mittelmeer.

In der östlich anschließenden Vorbergzone gibt es keine durchgehende Nord-Süd verlaufende Verkehrsachse von überlokaler Bedeutung. Dem stehen sowohl die topographischen Geländebedingungen als auch das Fehlen eines größeren Verkehrsvolumens entgegen, da eine solche Linie quer zu den tief eingeschnittenen Tälern verlaufen müßte und es sich seit altersher eher anbot, den Weg talauswärts auf die Hauptstraße am Rande der Rheinebene und von dieser wieder hinein in die Vorbergzone zu wählen.

Abgesehen von der vor allem für den Tourismus bedeutenden Schwarzwaldhöhenstraße, der B 500, fehlt im Schwarzwald eine leistungsfähige Nord-Südverbindung. Sowohl in der Vorbergzone als auch im eigentlichen Schwarzwald besteht aber ein verhältnismäßig dichtes Netz von überwiegend gut ausgebauten Verbindungsstraßen.

Im deutlichen Gegensatz zu den ausgezeichneten Verkehrslinien mit internationaler Bedeutung im Nord-Südverkehr stehen die Ost-Westverbindungen aus der Rheinebene quer durch die Vorbergzone und den Schwarzwald in den Raum östlich des Schwarzwaldes und zum Bodensee. Die vielen Ost-West verlaufenden Täler, die sich vom Schwarzwald zur Rheinebene hinunterziehen, erleichtern zwar den lokalen und innerregionalen Verkehr zwischen Rheinebene, Vorbergzone und Schwarzwald. Die Täler verklammern die drei Teilregionen miteinander, was seit altersher zu einem regen innerregionalen Austausch führte. Ihre großräumige und interregionale Bedeutung ist jedoch beschränkt und der technische Ausbau der Verkehrslinien steht weit hinter den Nord-Südlinien in der Rheinebene zurück.

So queren zwei Eisenbahnlinien den Schwarzwald, einmal die Linie Offenburg-Triberg-Donaueschingen-Konstanz und die Linie Freiburg-Neustadt-Donaueschingen-Ulm. Die letztere ist im Abschnitt Freiburg-Titisee sehr steil und verfügt über keinen Schnellzugverkehr. Weitere Bahnlinien von lokaler Bedeutung dienen der Verbindung von zentralen Orten untereinander sowie deren Anschluß an die Verdichtungsbereiche wie z.B. Achern-Ottenhöfen, Offenburg-Appenweier-Oberkirch-Bad Peterstal-Grießbach, Freiburg-Waldkirch-Elzach, Freiburg-Breisach und Freiburg-Bad Krozingen-Münstertal.

Noch schwächer ist der internationale West-Ost-Eisenbahnverkehr ausgebildet. Lediglich die Linie Straßburg-Kehl-Appenweier hat als Verbindung der deutschen und französischen Hauptstrecken eine größere Bedeutung. Die Strecke Freiburg-Breisach-Colmar ist am Rhein unterbrochen, und die Strecke Müllheim-Mülhausen dient nur noch dem Güterverkehr.

Von überregionaler Bedeutung als Straßenverbindung zwischen der Rheinebene und dem Raum östlich des Schwarzwaldes sowie zur Erschließung des Schwarzwaldes von Westen sind vor allem die B 31 Breisach-Freiburg-Neustadt-Donaueschingen sowie die durch das Kinzigtal führende B 33 Offenburg-Hausach-Triberg-Villingen/Schwennnigen und weiter zur Autobahn A 81 Stuttgart-Westlicher Bodensee. Von untergeordneter Bedeutung ist die B 28 durch das Renchtal nach Freudenstadt-Horb.

Für den Verkehr nach Frankreich über den Rhein sind die alten Brückenstellen von Kehl, Breisach, Neuenburg (bzw. die südlich von Neuenburg liegende neue Autobahnverbindung) sowie Rheinau-Freistett am wichtigsten.

Nicht sehr günstig ist der Anschluß der Region an den internationalen Luftverkehr. Außer den beiden Verkehrslandeplätzen Freiburg und Offenburg, die aber nur dem Bedarfsverkehr dienen, liegt zwar der internationale Flughafen Basel/Mülhausen in leicht erreichbarer Entfernung vom Verdichtungsraum Freiburg; sein Angebot an direkten Fernverbindungen ist aber nicht sehr groß. Dasselbe gilt für den Flughafen Stuttgart. Der Flughafen Straßburg-Entzheim ist auf innerfranzösische Ziele ausgerichtet. Die beiden nächstgelegenen interkontinentalen Flughäfen Frankfurt und Zürich sind dagegen sowohl mit dem Auto als auch mit der Bahn relativ rasch erreichbar.

Insgesamt ist also sowohl die äußere als auch die innere Verkehrserschließung der Region Südlicher Oberrhein sehr gut bis gut. Das gilt insbesondere für die Rheinebene und die Vorbergzone. Trotz der schwierigen Geländeverhältnisse verfügt auch der Schwarzwald über eine sehr gute innere Erschließung und eine gute Anbindung an die wichtigsten Nord-Süd-Verbindungen. Am prekärsten ist die West-Ost-Verbindung von der Rheinebene über den Schwarzwald hinweg in den Raum Oberer und Mittlerer Neckar und Bodensee.

2.2.3 Wirtschaftliche Verhältnisse

2.2.3.1 Beschäftigungsstruktur

Die statistischen Unterlagen über die Beschäftigungsstruktur sind nicht sehr aussagekräftig. Genauere Angaben bestehen lediglich für die Beschäftigten, die versicherungspflichtig sind, nicht aber für Selbständige, Beamte und mithelfende Familienangehörige.

Im Anteil der einzelnen Wirtschaftssektoren an der Gesamtzahl der Beschäftigten unterscheidet sich die Region Südlicher Oberrhein erheblich vom Landesdurchschnitt. Von den versicherungspflichtig Beschäftigten arbeiten in:

	RVSO	Ba-Wü
Produz.Gewerbe	49,1 %	56,3 %
Handel u. Verkehr	17,0 %	15,4 %
sonst. Dienstleistung.	33,9 %	28,3 %

Die Zahl der im produzierenden Gewerbe Beschäftigten liegt deutlich unter dem Landesdurchschnitt. Mit nur 104 Industriebeschäftigten auf 1000 Einwohner zeigt der Südliche Oberrhein die mit Abstand geringste industrielle Intensität aller Regionen des Landes. Dagegen sind Handel und Verkehr und vor allem die sonstigen Dienstleistungen besonders stark entwickelt. Bei den sonstigen Dienstleistungen spielen die Arbeitsplätze im Fremdenverkehr eine bedeutende Rolle.

Zwischen 1974 und 1985 nahm die Zahl der Arbeitsplätze im Südlichen Oberrhein um 5,8 % zu; dies ist die zweithöchste Zunahme unter allen Regionen des Landes. Auch der Rückgang der Beschäftigten im produzierenden Gewerbe war im Vergleich zu den anderen drei Regionen mit Verdichtungsräumen absolut und relativ am geringsten. Hier erwies sich offenbar das Fehlen alter, im Rückgang befindlicher Industriezweige als ein Vorteil. Insgesamt ist die Entwicklung der Beschäftigtenzahl und deren Struktur positiv zu beurteilen.

Wie im Abschnitt 2.2.1 bereits gezeigt wurde, nahm aber die Zahl der Personen im erwerbsfähigen Alter besonders stark zu. Die Zunahme war größer als die Zahl der neuen Arbeitsplätze. Das hatte zur Folge, daß die Arbeitslosenzahl anstieg. So stehen einer Zunahme von 15 000 versicherungspflichtig beschäftigte Arbeitnehmer im Zeitraum 1974-1985 eine Zunahme der Arbeitslosen von rund 20 000 gegenüber.

Im Jahre 1982 waren im Südlichen Oberrhein etwa 25 700 Beschäftigte in der Land- und Forstwirtschaft tätig. Das entspricht einem Anteil von 7,2 %, was deutlich über dem Landesdurchschnitt liegt. In Baden-Württemberg weisen lediglich die Regionen Bodensee-Oberschwaben und Franken noch höhere Anteile auf. Zwischen 1970 und 1982 sind rund 17 000 Arbeitsplätze in diesem Bereich verlorengegangen. Diese Abnahme hat sich in den letzten Jahren allerdings verlangsamt.

In absoluten Zahlen weist die Region Südlicher Oberrhein die dritthöchste Arbeitslosenzahl aller Regionen Baden-Württembergs auf. Die Arbeitslosenquoten von 7,1 % im Arbeitsamtsbezirk Offenburg und 7,9 % im Arbeitsamtsbezirk Freiburg sind die höchsten im ganzen Lande. Sie liegen deutlich über dem Landesdurchschnitt, aber unter dem Bundesdurchschnitt. Besonders stark zugenommen hat die Zahl der Arbeitslosen von 1980 bis 1983; seither ist eine gewisse Stabilisierung zu verzeichnen.

2.2.3.2 Die einzelnen Wirtschaftszweige

Die Produktionsverhältnisse der Landwirtschaft sind entsprechend der naturräumlichen Gliederung in den Teilregionen stark verschieden. Während die Rheinebene, die Vorbergzone und der Kaiserstuhl optimale Anbaumöglichkeiten für Getreide, Körnermais und Sonderkulturen wie Wein, Obst, Gemüse und Tabak bieten, ist in den Höhengebieten des Schwarzwaldes lediglich Grünlandwirtschaft mit Milchproduktion möglich.

Besondere Bedeutung kommt dem Wein- und Obstbau zu. 40 % des baden-württembergischen Weinbaus konzentrieren sich auf die Region Südlicher Oberrhein. Die hier angebauten Weine zählen zu den Spitzenqualitäten des deutschen Weinbaues, und der Obstanbau hat eine beherrschende Marktstellung bei Erdbeeren und Steinobst.

Die landwirtschaftliche Bodennutzung verteilt sich wie folgt:

	RVSO	Reg.Bez.Freiburg
Grünland	43 %	51 %
Ackerland	45 %	42 %
Rebland	11 263 ha	12 175 ha
Obstanlagen	4 072 ha	5 763 ha

Insgesamt unterscheidet sich der Südliche Oberrhein beim Anteil von Grün- und Ackerland nicht wesentlich vom gesamten Regierungsbezirk Freiburg. Allerdings befindet sich das Ackerland fast ausschließlich in der Rheinebene und der Vorbergzone, wo nur noch sehr geringe Grünlandflächen vorhanden sind. Die Teilregion Schwarzwald dagegen hat fast ausschließlich Grünland. 93 % der gesamten Rebfläche und immerhin 71 % der Obstanlagen des Regierungsbezirks Freiburg liegen im Südlichen Oberrhein. Das unterstreicht die Bedeutung von Obst- und Weinbau in dieser Region.

Die land- und forstwirtschaftlich genutzte Fläche wird gegenwärtig von rund 17 000 Betrieben mit mehr als 1 ha Betriebsfläche bewirtschaftet. Die Zahl der Betriebe ist von 1974 bis 1983 um 13,9 % zurückgegangen. Dieser Rückgang ist wesentlich geringer als im Landesdurchschnitt und dürfte nicht zuletzt auf den hohen Anteil von Betrieben mit Sonderkulturen zurückzuführen sein.

Auch im Südlichen Oberrhein dominieren bei weitem die Klein- und Mittelbetriebe. Von den 17 000 Betrieben haben lediglich 1551, also rund 9 %, mehr als 20 ha landwirtschaftliche Nutzfläche. Die Betriebe im Schwarzwald sind im Durchschnitt wesentlich größer als in der Rheinebene. Viele der Schwarzwaldbetriebe verfügen auch über einen hohen Waldanteil und der Wald trägt wesentlich zum Familieneinkommen bei. Die waldbesitzenden Schwarzwaldbetriebe verfügen im Durchschnitt über 11 ha Wald, was etwa 50 % der gesamten Betriebsfläche entspricht; bei nicht wenigen Betrieben überwiegt die Waldfläche bei weitem die landwirtschaftlich genutzte Fläche, und auch beim Familieneinkommen dominieren die Erträge aus dem Wald gegenüber dem Einkommen aus der eigentlichen Landwirtschaft.

Die kleinbetriebliche Struktur führt dazu, daß nur etwa 30 % der Betriebe hauptberuflich bewirtschaftet werden, und nur etwa 11 % aller Betriebe erzielen ein Standardbetriebseinkommen von mehr als 30 000 DM. Im Wirtschaftsjahr 1985/86 erreichten die buchführenden Betriebe im Regierungsbezirk Freiburg aus der land- und forstwirtschaftlichen Tätigkeit nur einen durchschnittlichen Gewinn von ca. 20 000 DM pro Familien-Arbeitskraft. Das sind nur 88 % des Landesmittels. Die meisten Betriebe können daher ein ausreichendes Familieneinkommen nur in Verbindung mit einem außerlandwirtschaftlichen Zu- oder Haupterwerb erzielen.

Durch die geschlossene Hofübergabe sind die Betriebe im Schwarzwald überwiegend gut arrondiert, während in der Rheinebene und der Vorbergzone die Besitzeszersplitterung beträchtlich ist. Die durchschnittliche Teilstückgröße beträgt oft weniger als 0,15 ha und Haupterwerbsbetriebe bewirtschaften nicht selten mehr als 50 einzelne Parzellen. In den klimatisch begünstigten Gebieten der Rheinebene und der Vorbergzone sind es daher die ungünstige Betriebsstruktur und in den Hochlagen des Schwarzwaldes die unzureichende Wettbewerbskraft des Betriebszweiges Futterbau-Rindviehhaltung, die die Zukunftsaussichten der Landwirtschaft in einem wenig rosigen Licht erscheinen lassen.

Die Forstwirtschaft spielt im Südlichen Oberrhein eine relativ große Rolle. Mit einer Waldfläche von 185 000 ha und einem Bewaldungsprozent von 46 % ist die Region wesentlich stärker bewaldet als der Durchschnitt des Bundesgebietes und auch waldreicher als das Land Baden-Württemberg im ganzen.

Allerdings sind die Verhältnisse in den Teilräumen sehr stark verschieden, wie die nachfolgende Tabelle zeigt:

Tab. 1

	Waldfläche ha	Bewaldungsprozent %
Rheinebene	23 668	21
Vorbergzone	17 728	23
Schwarzwald	143 494	63
Südlicher Oberrhein	184 896	46

Mehr als drei Viertel der gesamten Waldfläche entfällt auf den Schwarzwald, der zu fast zwei Dritteln mit Wald bedeckt ist. Rheinebene und Vorbergzone sind verhältnismäßig waldarm. Ein Drittel der Waldfläche der Rheinebene liegt zudem im schmalen Streifen der Rheinaue, die zu 64 % bewaldet ist. Die eigentliche Rheinebene (Niederterrasse) hat denn auch nur einen Bewaldungsprozent von 18 %.

Die Wälder der Rheinebene und der Rheinaue sind weit überwiegend Laubwälder; auf Nadelhölzer entfallen weniger als 10 % der Fläche. Auch in der Vorbergzone überwiegt der Laubwald mit 58 % gegenüber dem Nadelwald mit 42 %. Der Schwarzwald dagegen ist überwiegend ein Nadelwaldgebiet mit 78 % Nadelholz und nur 22 % Laubholz. Insgesamt liegt der Laubholzanteil im Südlichen Oberrhein leicht über dem Durchschnitt des Bundesgebietes und des Landes Baden-Württemberg.

Die Eigentumsverhältnisse des Waldes stellen sich wie folgt dar:

Tab. 2

Bund	0,8 %
Land Baden-Württemberg	16,0 %
Körperschaften	40,2 %
Bauernwald	33,0 %
übriger Privatwald	10,0 %

Der hohe Anteil bäuerlicher Waldeigentümer ist ein besonderes Merkmal der Region. Etwa ein Drittel der gesamten Waldfläche ist im Eigentum gemischter land- und forstwirtschaftlicher Betriebe. Der größte Teil des bäuerlichen Privatwaldes liegt im Schwarzwald. (S. hierzu Abb. 2 "Waldbesitz in der Region Südlicher Oberrhein" in der Kartentasche.)

Der gesamte Holzeinschlag beträgt rund 500 000 m^3 pro Jahr. Davon sind 61 % Nadelstammholz, 16 % übriges Nadelholz, 8 % Laubstammholz und 15 % übriges Laubholz. Vor allem der Nadelstammholzanteil liegt weit über dem Durchschnitt, der Laubstammholzanteil dagegen weit unter dem Durchschnitt der Bundesrepublik.

Die relativ große Bedeutung der Forstwirtschaft in der Region Südlicher Oberrhein zeigen auch die folgenden Zahlen:

Tab. 3

	Anteil der Region an
Gesamtfläche BRD	1,6 %
Waldfläche BRD	2,5 %
Gesamteinschlag BRD	2,8 %
Nadelstammholzeinschlag BRD	3,8 %
Schnittholzproduktion BRD	6,0 %

Trotz des überdurchschnittlich hohen Waldanteils und der überdurchschnittlich hohen Produktivität des Waldes beträgt der Anteil der Forstwirtschaft nur etwa 0,45 % des Bruttoinlandsprodukts. Damit liegt der Anteil zwar mehr als doppelt so hoch wie in der Bundesrepublik, ist absolut gesehen aber von geringer Bedeutung. Auch Landwirtschaft, Forstwirtschaft und Fischerei zusammen, also die ganze Urproduktion, sind im Südlichen Oberrhein nur mit 2,9 % am Bruttoinlandsprodukt beteiligt (Baden-Württemberg 1,8 %, Bundesrepublik 2,1 %).

Der Bruttoproduktionswert der Forstwirtschaft erreicht gegenwärtig ca. 100 Mio. DM/Jahr. Die Forstwirtschaft ist dabei sehr stark auf die eigene Region ausgerichtet. 90 % der Lieferungen gehen an Abnehmer in der Region und 80 % der Vorleistungen stammen aus der Region.

Auf Vollbeschäftigte umgerechnet, schafft die Forstwirtschaft Arbeitsplätze für ca. 2200 Waldarbeiter und für 214 Angehörige des Forstdienstes, insgesamt also knapp 2500 direkte Arbeitsplätze.

Innerhalb von Gewerbe und Industrie sind die Chemische Industrie, die Elektrotechnik, der Maschinenbau sowie die Druckindustrie von größter Bedeutung, gefolgt von der Herstellung von Kunststoffwaren, EBM-Waren, Holzbe- und -verarbeitung sowie Stahlverformung. In fast allen Bereichen entfallen die höchsten Umsätze auf den Norden der Region, den Ortenaukreis. Dieser stellt auch mehr als 50 % aller Industriebetriebe, und mit 149 Industriebeschäftigten auf 1000 Einwohner liegt er weit über dem Mittel der ganzen Region mit nur 104 Industriebeschäftigten pro 1000 Einwohner. Innerhalb der Region Südlicher Oberrhein ergibt sich somit ein deutliches Nord-Süd-Gefälle in bezug auf den Grad der Industrialisierung.

In der Region Südlicher Oberrhein fehlen große Werke der Zellstoff- und Papierindustrie. Dagegen stehen bedeutende Zellstoff- und Papierfabriken nahe der Grenze in benachbarten Regionen. Dafür ist die holzbearbeitende Industrie, vor allem die Sägerei, in der Region recht gut vertreten. Im Jahre 1985 beschäftigen die 114 Betriebe 1650 Arbeitskräfte und erzielten einen Umsatz von rund 276 Mio DM. Die Durchschnittsgröße der Betriebe entspricht etwa dem Landesdurchschnitt, liegt aber mit 14,5 Beschäftigten deutlich über dem Bundesdurchschnitt mit 9,5 Beschäftigten.

Die Sägewerke in der Region Südlicher Oberrhein erzeugten im Jahre 1985 rund 475 000 m^3 Nadelschnittholz und rund 73 000 m^3 Laubschnittholz, das sind knapp 6 % der gesamten Schnittholzproduktion der Bundesrepublik. Verglichen mit anderen Regionen spielt also die Schnittholzerzeugung im Südlichen Oberrhein eine verhältnismäßig große Rolle. Sie basiert auch nicht nur auf dem regionalen Stammholzanfall, sondern bezieht in sehr beträchtlichem Umfang Nadel- und Laubstammholz aus anderen Regionen, Laubholz vor allem auch aus dem Ausland. Auf den ersten Blick mag es überraschen, daß in einer Region mit besonders hohem regionalen Nadelstammholzanfall und damit günstiger Rohstoffversorgung noch zusätzlich sehr große Mengen von Rundholz eingeführt werden. Dies erklärt sich wohl daraus, daß sich dank der guten einheimischen Versorgung eine recht leistungsfähige Sägereiindustrie entwickeln konnte. Diese hat in den letzten

Jahren dank großer technischer Fortschritte ihre Kapazität sehr stark erhöht. Das regionale Rundholzaufkommen reicht aber heute nicht mehr aus, um die großen Kapazitäten auszulasten, und die Region wird damit zu einem Rundholzimportgebiet.

Vom erzeugten Schnittholz werden nur 35 % in der Region selbst weiter verarbeitet. 15 % gehen in andere Regionen Baden-Württembergs, 40 % in die übrige Bundesrepublik und 10 % ins Ausland. Der Sektor Holzbearbeitung exportiert somit 65 % seiner Erzeugnisse in Gebiete außerhalb der Region.

Trotz der relativ starken Position der holzbearbeitenden Betriebe ist deren Anteil an der gesamten Bruttowertschöpfung gering. Mit etwa 85 Mio. DM erreicht die Holzbearbeitung einen Anteil von lediglich 0,44 % am regionalen Bruttoinlandsprodukt und liegt damit in der Größenordnung der Forstwirtschaft. Die Zahl der Beschäftigten liegt sogar noch etwas unter derjenigen der Forstwirtschaft. Sowohl die Forst- als auch die Holzwirtschaft sind daher für die Region als Ganzes wirtschaftlich von sehr untergeordneter Bedeutung.

Der Schwarzwald gilt als eines der klassischen Ferien- und Erholungsgebiete der Bundesrepublik Deutschland. Der Fremdenverkehr ist daher ein verhältnismäßig wichtiger Wirtschaftszweig im Südlichen Oberrhein. Im Gegensatz zu Gewerbe und Industrie liegt der Schwerpunkt des Fremdenverkehrs eher im südlichen Bereich. Wichtige Zentren sind Hinterzarten-Titisee, Feldberg-Schluchsee und St. Peter im südlichen Schwarzwald und das Acher- und Renchtal im mittleren Schwarzwald. Gegenüber dem Schwarzwald tritt die Vorbergzone als Fremdenverkehrsgebiet stark zurück, wenn auch Markgräflerland, Freiamt, Teile des Schuttertales und der mittleren Ortenau sowie der Kaiserstuhl teilweise ebenfalls einen regen Ferien- und Ausflugsverkehr aufweisen.

Insgesamt verfügt die Region über ca. 91 000 Betten in Hotels, Gasthäusern und Privatquartieren. Die Zahl der jährlichen Übernachtungen beträgt über 13 Mio., was einer mittleren Auslastung der Betten von etwa 40 % entspricht. Typisch für die gesamte Region ist der große Anteil von kleineren Pensionen und Privatquartieren am gesamten Angebot.

Neben dem Ferien- und Kurtourismus ist der Ausflugs- und Naherholungsverkehr von sehr großer Bedeutung. Auch hier liegt der Schwerpunkt eindeutig im südlichen Bereich, wo mit etwa 12,5 Mio Tagesbesuchern gerechnet wird. Zusammen mit den rund 9 Mio Tagesgästen im nördlichen Raum ergeben sich somit etwa 21,5 Mio. Tagesbesucher pro Jahr.

Die Gesamtausgaben der Urlauber belaufen sich auf ca. 885 Mio. DM, diejenigen der Tagesgäste auf ca. 357 Mio. DM. Bei einer durchschnittlichen Wertschöpfung von 54 % errechnet sich ein Einkommen aus dem Fremdenverkehr von etwa 578 Mio.

DM und der Anteil des Fremdenverkehrs am regionalen Bruttoinlandsprodukt beläuft sich auf ca. 3,7 %. Er beträgt damit ein Mehrfaches des Anteils von Forst- und Holzwirtschaft zusammen. Natürlich ist der Beitrag des Fremdenverkehrs zum BIP in den ausgesprochenen Fremdenverkehrsgemeinden weit höher und erreicht beispielsweise in Schluchsee, Hinterzarten und Feldberg 60-70 %, was zu einer eigentlichen Monostruktur führt.

2.3 Die regionalplanerischen Zielsetzungen

Regionalplanung in Baden-Württemberg ist in der Form der 1973 geschaffenen Regionalverbände kommunal verfaßte Raumordnung durch Selbstverwaltungskörperschaften. Die Verbandsversammlung mit gewählten Vertretern aus der ganzen Region und ihr ehrenamtlicher Vorsitzender beschließen einen Regionalplan als Satzung, der nach Genehmigung durch das Innenministerium als oberste Raumordnungs- und Landesplanungsbehörde mit seinen Zielen und Grundsätzen eine verbindliche Rahmenvorgabe für die Bauleitplanung der Gemeinden und für Fachplanungen darstellt. Ein zweistufiges Verfahren stellt die umfassende Beteiligung aller Träger öffentlicher Belange sicher.

Rechtliche Basis ist das Landesplanungsgesetz Baden-Württemberg, nach seiner Novellierung in der Fassung vom Oktober 1983. Inhaltliche Vorgaben sind der Landesentwicklungsplan und die fachlichen Pläne des Landes.

Zu den Vorgaben des Landesentwicklungsplanes gehören

- die Zentralen Orte, in der Region Südlicher Oberrhein das Oberzentrum Freiburg, das Mittelzentrum mit Teilfunktionen eines Oberzentrums Offenburg sowie weitere sieben Mittelzentren und zwölf Unterzentren;

- die Landesentwicklungsachsen; sie stellen die logische Verknüpfung der Zentralen Orte dar und folgen der gebündelten Infrastruktur;

- der Verdichtungsraum Freiburg mit seiner Randzone, der Verdichtungsbereich Offenburg/Lahr und der ländliche Raum mit Kennzeichnung seiner strukturschwachen Teile, die sich überwiegend im Schwarzwald befinden.

Im Regionalplan werden die Zentralen Orte um neunzehn Kleinzentren und die Landesentwicklungsachsen um drei regionale Entwicklungsachsen zu den Rheinübergängen ergänzt.

Zu den wirksamsten Zielsetzungen des Regionalverbandes gehören folgende Festlegungen:

- Die Benennung der Eigenentwicklergemeinden und im Gegensatz dazu die Festlegung der Bereiche verstärkter Siedlungsentwicklung, die darüber hinaus auch größere Zuwanderungen aufnehmen sollen;

- ein abgestuftes System gewerblich/industrieller Schwerpunkte von regionaler, teilregionaler und nahbereichsbezogener Bedeutung;

- die Regionalen Grünzüge und Grünzäsuren. Die Regionalen Grünzüge sind in der Rheinebene und Vorbergzone gemeindeübergreifende, zusammenhängende Teile freier Landschaft, die ökologische Ausgleichsfunktionen wahrnehmen; Besiedlung findet in ihnen nicht statt. Siedlungszäsuren sind übergemeindlich bedeutsame Freihaltezonen zwischen örtlichen Bebauungen, vorwiegend in Tälern, mit gleichen Funktionen wie in den Regionalen Grünzügen;

- die regionalen Grundwasserschonbereiche. Hierbei handelt es sich um fünf große zusammenhängende Bereiche in der Rheinebene, in denen überregional bedeutsame Grundwasserreserven von hoher Reinheit insbesondere dadurch geschützt werden, daß die den Grundwasserkörper schützende Deckschicht nicht durchbrochen werden darf. Die Neuanlage von Kiesgruben ist in ihnen untersagt, die allenfalls kleinflächige Erweiterung bestehender Abbaustätten nur unter sehr strengen Kriterien möglich.

In der Folge des novellierten Landesplanungsgesetzes haben die Regionalverbände in Baden-Württemberg weitere wichtige Aufgabenbereiche zugewiesen bekommen, die in den z.Zt. laufenden Fortschreibungen der Regionalpläne ihre Berücksichtigung finden. Hierzu gehören der raumordnerische Schutz

- der regional bedeutsamen Biotope
- der Oberflächengewässer, einschließlich der Überschwemmungsflächen und Rückhaltebecken zum Hochwasserschutz
- die langfristig zur Gewinnung von Rohstoffen vorgesehenen Flächen
- die raumordnerische Behandlung des Bodenschutzes.

Der Regionalplan Südlicher Oberrhein enthält weit überwiegend verbindliche Ziele und Grundsätze für jene Teile der Region, die durch verschiedenartige und konkurrierende Nutzungsansprüche an die Fläche gekennzeichnet sind. Es sind dies die Raumkategorien, in denen höherer Siedlungsdruck herrscht, die Schaffung von außerlandwirtschaftlichen Arbeitsplätzen einen hohen Wert einnimmt und wo die Infrastruktur insbesondere für Transport und Verkehr Erweiterungen erfährt. Dies betrifft hauptsächlich größere Teile der Rheinebene, die gesamte Vorbergzone, die tieferen Lagen der Schwarzwaldtäler und nur eingeschränkt die mehr landwirtschaftlich genutzten Teile der Rheinebene und den Schwarzwald.

Für den letztgenannten Bereich enthält der Regionalplan 1980 fast ausschließlich nur Grundsätze. Erst in der Fortschreibung werden Ziele zum Schutz der Biotope und der Oberflächengewässer sowie zum Bodenschutz und zur Rohstoffsicherung hinzukommen. Dies hat zur Folge, daß der Regionalplan zur Sicherung und Verbesserung der Struktur im ländlichen Raum bisher nur relativ wenig beitragen konnte.

2.4 Zusammenfassende Beurteilung

Die Region Südlicher Oberrhein setzt sich im wesentlichen aus drei - naturräumlich sehr verschieden ausgestatteten - Teilregionen zusammen, die sich geologisch, morphologisch und klimatisch deutlich unterscheiden und die in nahezu parallel verlaufenden Streifen in Nord-Süd-Richtung angeordnet sind.

Der Kaiserstuhl und Teile der Rheinebene gehören zu den trockensten, wärmsten und sonnenreichsten Gebieten der Bundesrepublik, während der Hochschwarzwald - sofern man vom Hochgebirge absieht - zu den kühlsten, schneereichsten und feuchtesten Gebieten zählt. Auch morphologisch, geologisch und in bezug auf das Gewässernetz unterscheiden sich die drei Teilregionen, die ausgedehnte Rheinebene, das Hügelland der Vorbergzone und das stark gegliederte Mittelgebirge des Schwarzwaldes, sehr stark. Abgesehen vom Rhein als Vorfluter, der am Westrand der Region von Süd nach Nord fließt, verlaufen alle Gewässer der Region von Ost nach West und durchschneiden damit jeweilen alle drei Teilregionen, die dadurch in einer engen Verbindung zueinander stehen.

Rheinebene und Vorbergzone sind landwirtschaftliche Gunsträume mit einem sehr hohen Anteil an Sonderkulturen. Nachteilig ist die teilweise ungünstige Besitzstruktur mit starker Parzellierung. In den höheren Lagen der Vorbergzone und im eigentlichen Schwarzwald sind die natürlichen Voraussetzungen schlechter und erlauben nur eine Grünlandwirtschaft. Dagegen ist hier die Besitzstruktur viel besser. Es handelt sich um geschlossene Hofgüter, die seit altersher ungeteilt vererbt wurden. Die Grünlandbetriebe des Schwarzwaldes sind durch die gegenwärtige Agrarpolitik, vor allem die Milchkontingentierung, besonders benachteiligt. Der Wald spielt als Betriebsteil eine wesentliche Rolle und trägt oft maßgebend zum Familieneinkommen bei.

Die Region ist insgesamt stark überdurchschnittlich bewaldet. Die Waldfläche konzentriert sich aber vor allem auf den Teilraum Schwarzwald, der zu annähernd zwei Drittel bewaldet ist und wo mehr als drei Viertel der Waldfläche der Region liegen. Die Rheinebene ist sehr wenig bewaldet, und auch in der

Vorbergzone ist der Waldanteil unterdurchschnittlich. Die Wälder des Schwarzwaldes sind sehr vorratsreich und produktiv, der Anteil an starkem Nadelstammholz ist besonders groß. Rund ein Drittel der gesamten Waldfläche ist als Teil der geschlossenen Hofgüter in bäuerlichem Besitz, rund 40 % entfallen auf Körperschaften, während der Staatswald und Großprivatwald verhältnismäßig geringe Anteile haben.

Die Region weist einen Geburtenüberschuß und in den letzten 15 Jahren auch einen überdurchschnittlichen Wanderungsgewinn auf. Ein Teil der Zuwanderung ist alters- und ausbildungsbedingt. Die Zahl der Arbeitsplätze hat nicht ganz der Bevölkerungszahl entsprechend zugenommen; die Arbeitslosenquote liegt daher deutlich über dem Durchschnitt des Landes Baden-Württemberg, aber noch unter dem Durchschnitt der Bundesrepublik. Der Ausländeranteil an der Bevölkerung ist mit 5,5 % vergleichsweise gering.

Die Wirtschaftsstruktur wird durch einen sehr starken tertiären Sektor und einen unterdurchschnittlichen sekundären Sektor gekennzeichnet. Mit 7,2 % der Beschäftigten ist auch die Land- und Forstwirtschaft noch überdurchschnittlich vertreten. Die hohe Beschäftigtenzahl im tertiären Sektor ist im Schwarzwald auf den Fremdenverkehr, in Rheinebene und Vorbergzone vor allem auf Handel und Verkehr, Verwaltung sowie Ausbildung und Forschung zurückzuführen, die in den vorwiegend an der Grenzlinie zwischen Rheinebene und Vorbergzone lokalisierten Agglomerationen eine wesentliche Rolle spielen.

Gewerbe und Industrie sind klein- und mittelständisch strukturiert und in bezug auf die Branchenzusammensetzung sehr vielseitig. Moderne und zukunftsträchtige Industriezweige überwiegen. Ungünstiger liegen die Verhältnisse im eigentlichen Schwarzwald mit einer Reihe von alten, kleinen Industriestandorten und teilweise stagnierenden oder rückläufigen Branchen, z.B. Uhren und Feinmechanik.

Holzproduzierende Forstwirtschaft und Holzbearbeitung spielen im Vergleich zu anderen Regionen Baden-Württembergs und der Bundesrepublik eine wesentlich größere Rolle; ihr Anteil am Arbeitsmarkt und an der gesamten Wertschöpfung ist aber gering. Die technische Kapazität der Sägereiindustie liegt deutlich über der Produktion von Sägestammholz in der Region; beträchtliche Mengen von Nadel- und Laubstammholz werden aus anderen Regionen, Laubstammholz vor allem auch aus Frankreich eingeführt. Nur etwa ein Drittel des erzeugten Schnittholzes wird in der Region selbst weiterverarbeitet, 40 % der Produktion werden außerhalb von Baden-Württemberg abgesetzt, und 10 % werden exportiert.

Wenn auch Forst- und Holzwirtschaft an der gesamten Wirtschaft nur einen unbedeutenden Anteil haben, so ist für die Region der Wald doch von sehr großer Bedeutung als Landschaftsfaktor und wegen seiner wasserwirtschaftlichen und Schutzfunktionen. Der Wald prägt das Landschaftsbild des wichtigen Fremdenverkehrsgebietes Schwarzwald und bildet damit eine Grundlage sowohl für den Ferien- als auch für den Ausflugsverkehr. In den ausgedehnten Steillagen mit leicht erodierbaren Böden hat der Wald zudem vorwiegend Schutzfunktionen zu erfüllen und bei der Großzahl von tief eingeschnittenen Wasserläufen, die mit großem Gefälle zur Rheinebene verlaufen, spielt die Regulierung des Wasserabflusses eine entscheidende Rolle. Die häufigen Starkregen am Schwarzwaldrand vergrößern die Überschwemmungsgefahr in den fruchtbaren und dicht besiedelten Talausgängen und den zumeist am Rand der Vorbergzone liegenden Ortschaften und Verkehrslinien. Schwarzwald und Vorbergzone sind aber auch wichtige Grundwassernährgebiete, für die der Wald als Schutz gegen Verunreinigungen und als Verhinderer des Oberflächenabflusses von großer Bedeutung ist.

Die Region Südlicher Oberrhein ist eine der wichtigsten Fremdenverkehrsregionen der Bundesrepublik. Abgesehen von wenigen Orten am Rande der Rheinebene und in der Vorbergzone konzentriert sich der Fremdenverkehr vor allem im Hochschwarzwald, wo einige große Gemeinden wirtschaftlich fast ausschließlich von ihm abhängen. Der Fremdenverkehr im Schwarzwald ist in ganz ausgesprochenem Maße landschaftsbezogen. Im Hochschwarzwald spielt sowohl der Sommer- als auch der Wintertourismus eine Rolle. Auffallend ist die Überlagerung von Ferien- und Kurzzeiterholung.

Ein großer Teil des Fremdenverkehrs entfällt gerade im Schwarzwald auf kleinere Pensionen und Privatquartiere, die wegen ihrer geringen Bettenzahl heute nicht mehr statistisch erfaßt werden. Unter Einbezug aller Fremdenbetten werden in der gesamten Region etwa 13 Mio. Übernachtungen erreicht. Der Ausflugsverkehr bringt darüber hinaus jährlich etwa 21 Mio. Besucher, die sich einerseits aus der Region selbst, den Agglomerationen am Rande der Rheinebene, vor allem aber auch aus den umliegenden Ballungsräumen Basel-Zürich, Stuttgart-Mittlerer Neckar, Karlsruhe-Mannheim-Ludwigshafen, aber auch bis aus dem Raum Frankfurt rekrutieren. Vor allem im Winter ist ein starker Ausflugsverkehr aus den weiter abgelegenen Räumen zu verzeichnen, was durch die günstige Verkehrslage und die guten Straßenverbindungen stark erleichtert wird. Der Anteil des Fremdenverkehrs liegt bei etwa 3,7 % des Bruttoinlandsprodukts und erreicht damit ein Mehrfaches der Forstwirtschaft und des holzbearbeitenden Gewerbes, übersteigt aber auch bei weitem den Anteil der Landwirtschaft. Zudem konzentriert er sich in den sonst ausgesprochen schwach strukturierten Räumen innerhalb der Region. Ihm kommt deshalb für die ganze Region eine entscheidende Bedeutung zu.

Der gegenwärtig gültige Regionalplan von 1980 enthält verbindliche Ziele und Grundsätze vor allem für jene Teile der Region, die durch verschiedenartige und konkurrierende Nutzungsansprüche an die Fläche gekennzeichnet sind, also die Gebiete mit hohem Siedlungsdruck, mit der Notwendigkeit, eine größere Zahl von neuen Arbeitsplätzen außerhalb der Landwirtschaft zu schaffen und jene Gebiete, wo Infrastrukturerweiterungen, insbesondere für Transport- und Verkehr, notwendig sind. Es sind dies größere Teile der Rheinebene, die gesamte Vorbergzone und die tieferen Lagen der Schwarzwaldtäler. Für die mehr landwirtschaftlich genutzten Teile der Rheinebene und des Schwarzwaldes enthält der Regionalplan fast ausschließlich nur Grundsätze. Erst bei der in Vorbereitung befindlichen Fortschreibung des Regionalplanes sollen Ziele zum Schutze der Biotope und der Oberflächengewässer sowie zum Bodenschutz und zur Rohstoffsicherung dazu kommen.

Insgesamt ergibt sich das Bild eines sehr vielseitigen, stark strukturierten Raumes mit einer recht ausgewogenen Bevölkerungs- und Wirtschaftsstruktur und einer in den letzten Jahrzehnten regelmäßigen Entwicklung ohne übermäßige Wachstums- oder Schrumpfungstendenzen. Wie kann sich nun in einem solchen Raum die Walderkrankung auswirken?

3. Bisheriger Verlauf, gegenwärtiger Zustand und mögliche Weiterentwicklung der Walderkrankung

3.1 Bisheriger Verlauf und gegenwärtiger Zustand

Der bisherige Verlauf der Schadensentwicklung in der Bundesrepublik Deutschland ist seit 1983 durch die regelmäßig durchgeführten terrestrischen Waldschadensinventuren recht gut dokumentiert. Diese Waldschadensinventuren beruhen auf systematisch verteilten Stichproben und wurden so konzipiert, daß sie für größere Wuchsbezirke einigermaßen sichere Ergebnisse liefern. Die für die terrestrische Inventur abgegrenzten Wuchsbezirke sind wesentlich größer als der Bereich des Untersuchungsgebietes, die Region Südlicher Oberrhein. Außerdem partizipiert die Untersuchungsregion an drei verschiedenen Wuchsbezirken (Rheinebene, Vorbergzone und Schwarzwald), die sich in bezug auf den Erkrankungsgrad stark unterscheiden. Einigermaßen verläßliche Daten für kleinere Regionen würden eine sehr starke Verdichtung des Stichprobennetzes erfordern. Der dadurch erzielte Gewinn an Informationen steht aber in keinem Verhältnis zum Aufwand, so daß für unsere Untersuchung darauf verzichtet wurde.

Die Abbildung 3 zeigt die Entwicklung des Schadensverlaufes für die ganze Bundesrepublik von 1983-1987. Angegeben ist der prozentuale Anteil der jeweiligen Schadstufen am gesamten Wald. Dabei werden folgende Schadstufen unterschieden:

Abb. 3

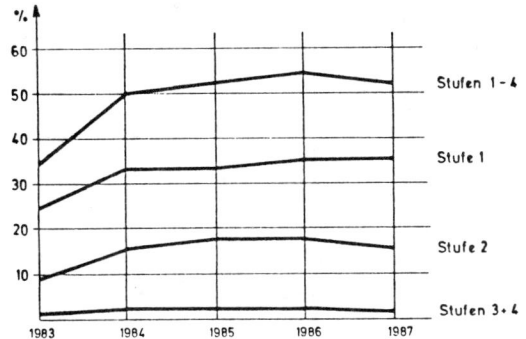

Schadstufe 0: ohne Schadensmerkmale
Schadstufe 1: schwach geschädigt
Schadstufe 2: mittelstark geschädigt
Schadstufe 3: stark geschädigt
Schadstufe 4: abgestorben.

Die Zuweisung der beurteilten Bäume zu einzelnen Schadstufen erfolgt aufgrund einer kombinierten Beurteilung von Nadel- bwz. Blattverlust und von Nadel- bzw. Blattverfärbung.

Die Werte von 1983 sind mit jenen des Jahres 1984 nicht voll vergleichbar, da 1983 noch nicht in allen Bundesländern die Erhebung nach einer bundeseinheitlichen Methodik erfolgte. Nach einem in der Waldschadensinventur nicht dokumentierten, steilen Anstieg von 1981 bis 1983/84 hat sich der Gesundheitszustand im Mittel der ganzen Bundesrepublik und aller Baumarten seit 1984 stabilisiert. Etwa 50 % der Bäume zeigen mehr oder weniger deutliche Erkrankungserscheinungen, wobei aber nur rund 20 % mittelstark bis stark geschädigt sind. Von 1986 auf 1987 deutet sich eine kleine Abnahme der mittelstark und stark geschädigten Bäume an. Dieses Bild einer sehr regelmäßigen Schadensentwicklung im Durchschnitt des ganzen Bundesgebietes und aller Baumarten kommt dadurch zustande, daß sich gegenläufige Entwicklungen in einzelnen Regionen und bei den einzelnen Baumarten weitgehend kompensieren.

Eine Aufgliederung der Inventurergebnisse nach Baumarten (Abbildung 4) zeigt, daß von 1984 bis 1987 eine gewisse Verbesserung des Gesundheitszustandes der Nadelhölzer, dagegen eine deutliche Verschlechterung bei den Laubhölzern, insbesondere bei Buche und Eiche, festzustellen ist. Während 1984 Buche und Eiche weniger geschädigt waren als Fichte und Kiefer, sind im Jahre 1987 die Laubbäume deutlich stärker betroffen als Fichte und Kiefer. Dies gilt sowohl für die Schadklassen 1-4 als vor allem für die mittelstark und stark geschädigten Bäume (Abbildung 5). 1984 waren nur halb so viele Buchen und Eichen mittelstark bis stark geschädigt als Fichten und Kiefern, während 1987 sowohl Buche als auch Eiche einen höheren Schadensanteil haben als Fichte und Kiefer. Am stärksten geschädigt ist aber nach wie vor die Tanne.

Abb. 4

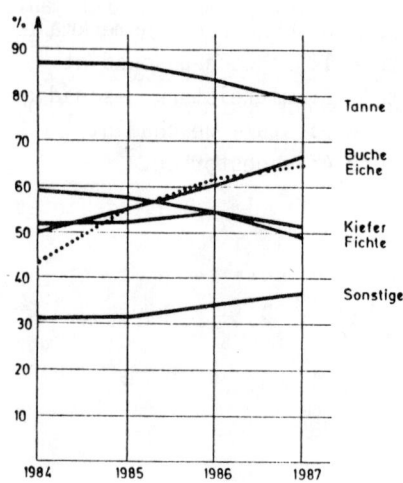

Abb. 5

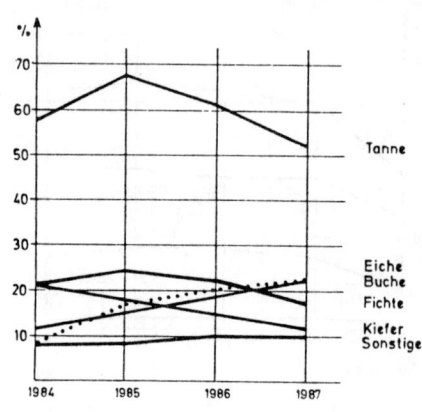

Die regionalen Unterschiede im Erkrankungsgrad deutet die Abbildung 6 an, in der die Schadklassen 2-4 für die einzelnen Baumarten im Schwarzwald dem Durchschnitt der ganzen Bundesrepublik gegenübergestellt sind. Dabei zeigt sich deutlich, daß vor allem die wichtigen Nadelbäume Fichte und Kiefer im Schwarzwald rund doppelt so stark geschädigt sind als im Durchschnitt des Bundesgebietes. Auch die Buche ist im Schwarzwald in einem deutlich schlechteren Zustand als im Bundesdurchschnitt. Nicht so deutlich ist der Unterschied bei der Tanne. Dies hat wahrscheinlich zwei Ursachen. Einmal ist die Tanne im

Abb. 6

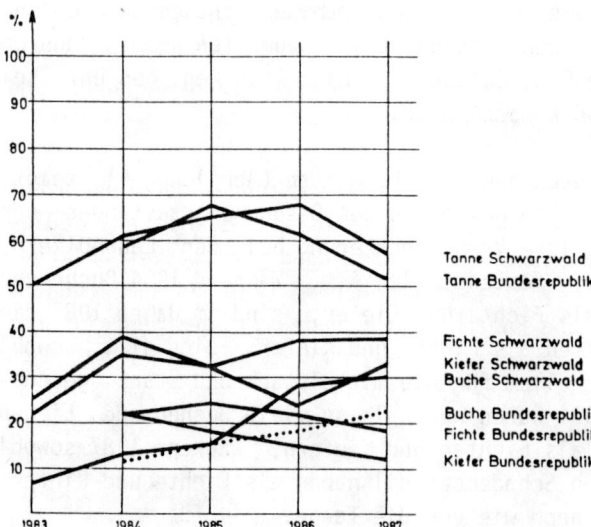

ganzen Bundesgebiet besonders stark betroffen und andererseits entfällt vom ganzen Tannenvorkommen in Deutschland ein verhältnismäßig großer Anteil auf den Schwarzwald. Dadurch wird das Bundesresultat stark von den Verhältnissen im Schwarzwald bestimmt. Wenn trotzdem die Tanne im Schwarzwald stärker erkrankt ist als im Durchschnitt, so zeigt dies die besonders prekäre Situation in dieser Region.

Die regionalen Unterschiede der Walderkrankung innerhalb des Bundesgebietes sind beträchtlich. Besonders betroffen sind allgemein die höheren Lagen der Mittelgebirge und gewisse Gebiete am Alpenrand. Der Schwarzwald macht in dieser Hinsicht keine Ausnahme. Er gehört zu den typischen Waldschadensgebieten. Diese Tatsache rechtfertigt den Entscheid des Arbeitskreises, die Frage der regionalwirtschaftlichen Auswirkungen der Walderkrankung an einem Fallbeispiel zu untersuchen, welches einen beträchtlichen Anteil an Schwarzwaldhochlagen aufweist.

Die bundesweiten Waldschadensinventuren, deren erste im Jahre 1983 durchgeführt wurde, geben leider keinen Einblick in die frühen Phasen der Walderkrankung. Diese Lücke kann teilweise durch die Ergebnisse geschlossen werden, die aus speziellen Versuchsflächen der baden-württembergischen Forstlichen Versuchs- und Forschungsanstalt (FVA) stammen. Bereits im Jahre 1980 wurden in verschiedenen Gebieten Baden-Württembergs Versuchsflächen, zunächst in Tannenbeständen, angelegt, nachdem es sich gezeigt hatte, daß der Gesundheitszustand der Tannen in weiten Gebieten sich zunehmend verschlechterte. In diesen Versuchsflächen wird der Gesundheitszustand jedes einzelnen Baumes zweimal jährlich individuell erhoben und festgehalten. Irgendwelche Eingriffe oder Pflegemaßnahmen werden in den Versuchsflächen nicht vorgenommen. So bleiben insbesondere auch die abgestorbenen Bäume im Walde stehen. Auf diese Weise wird der Verlauf der Walderkrankung deutlich sichtbar und dokumentiert. Bei der Interpretation der Ergebnisse ist allerdings zu beachten, daß die Versuchsflächen absichtlich in die Schwerpunktgebiete der Walderkrankung gelegt wurden und damit nicht repräsentativ sind für den gesamten Wald des Landes.

Die Abbildung 7 zeigt die Entwicklung des Gesundheitszustandes der Tannen auf allen Versuchsflächen seit dem Herbst 1980. Noch im Herbst 1980 waren lediglich 11 % aller Tannen in diesen über das ganze Land verteilten Flächen mittelstark oder stark geschädigt. Vor allem vom Herbst 1981 bis zum Frühjahr 1984 erfolgte dann eine dramatische Zunahme der Schäden und der Anteil der mittelstark und stark geschädigten Bäume stieg auf über 90 %. Seither hat sich die Lage auf diesem hohen Niveau einigermaßen stabilisiert, wobei im Frühjahr 1987 etwa 80 % der Bäume in die Schadstufe 2 fielen, 9 % in die Schadstufe 3 und 7 % der Bäume inzwischen abgestorben sind. Die Aufnahme im Herbst 1987 ergab eine gewisse Verbesserung, indem vor allem der Anteil der Stufe 2 deutlich zurückging, derjenige der Stufe 3 dagegen leicht zunahm.

Grundsätzlich ähnlich ist die Entwicklung auf den im Südschwarzwald, also in unserem engeren Untersuchungsgebiet, gelegenen Versuchsflächen verlaufen. Hier setzte allerdings der steile Anstieg der Schäden bereits 1980 ein, und der heutige Gesundheitszustand ist noch schlechter als im Landesmittel. Insbesondere ist der Anteil der Bäume in der Schadklasse 3 wesentlich höher und erreicht in den letzten Jahren annähernd 25 % mit einer Tendenz der weiteren Zunahme bis zum Frühjahr 1987. 11 % der Bäume waren damals bereits abgestorben. Im Herbst 1987 ergab sich eine leichte Verbesserung. Trotzdem bestätigt sich das Bild der regionalen Differenzierung und der besonders deutlichen Schäden im Hochschwarzwald.

Eigentliche Fichtenversuchsflächen wurden in Baden-Württemberg erst im Frühjahr 1983 angelegt,

Abb. 7

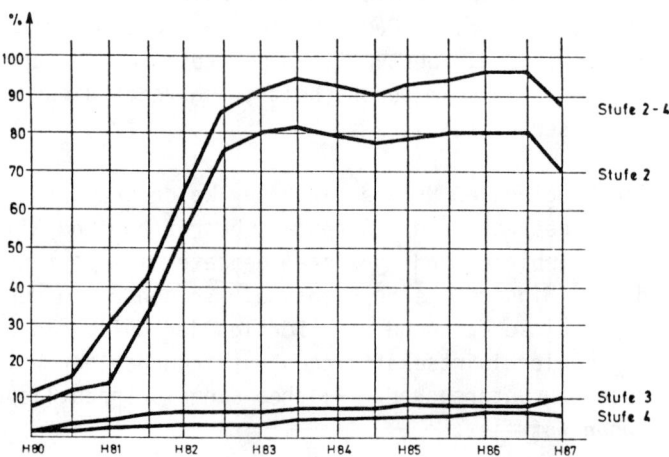

Abb. 8

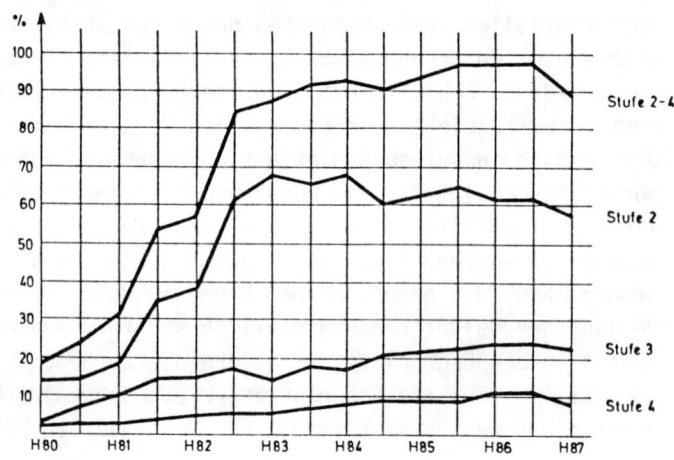

als es sich zeigte, daß nicht nur der Gesundheitszustand der Tanne, sondern auch der der Fichte sich zunehmend verschlechterte. Allerdings standen auch in den Tannenversuchsflächen eine Anzahl von Fichten, die von Anfang an systematisch mitbeobachtet wurden. Daraus ergeben sich mindestens gewisse Anhaltspunkte über die Entwicklung der Fichtenerkrankung zwischen 1980 und 1983. Es ist jedoch zu beachten, daß die geographischen Schwerpunkte der Fichtenerkrankung nicht überall mit den Schwerpunkten der Tannenerkrankung zusammenfallen. Abbildung 9 zeigt die Entwicklung des Gesundheitszustandes der Fichten in den Tannenversuchsflächen der FVA von 1980-1987.

Abb. 9

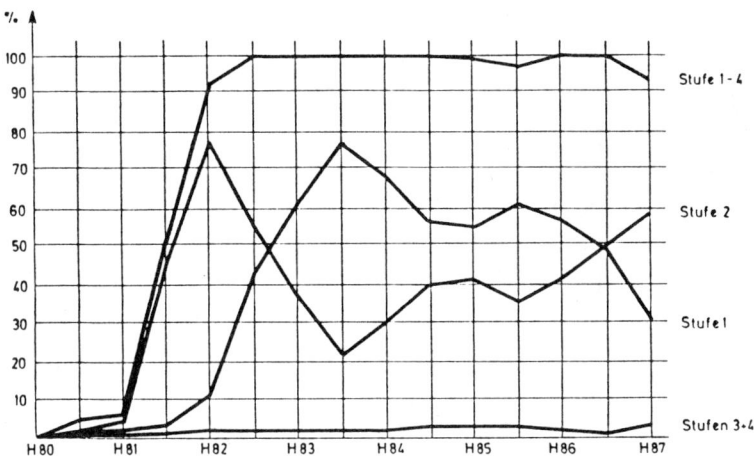

Im Herbst 1980 waren auf allen Versuchsflächen in Baden-Württemberg die Fichten praktisch noch völlig gesund. Zwischen Herbst 1980 und Herbst 1981 ergab sich eine gewisse Verschlechterung des Gesundheitszustandes, die aber noch keineswegs besorgniserregend war. Dagegen erfolgte eine sprunghafte Veränderung vom Herbst 1981 bis zum Herbst 1982, indem plötzlich der Anteil der geschädigten Bäume von 6 auf 91 % anstieg. Dieser Anstieg war zunächst fast ausschließlich in Stufe 1, schwach geschädigt, festzustellen; im Herbst 1982 waren lediglich 11 % der Fichten mittelstark geschädigt. Schon im Frühjahr 1983 gab es in den Tannenversuchsflächen keine völlig gesunden Fichten mehr, und der Anteil der mittelstark geschädigten Bäume kletterte auf 43 %. Der Höhepunkt der Erkrankung wurde im Frühjahr 1984 erreicht, als 77 % der Fichten mittelstark geschädigt waren; entsprechend nahm der Anteil der schwach geschädigten Bäume auf 21 % ab. Seit dem Frühjahr 1984 ist insofern wieder eine gewisse Verbesserung des Gesundheitszustandes der Fichten festzustellen, als der Anteil der mittelstark geschädigten Bäume deutlich abnimmt, der Anteil der schwach geschädigten Bäume dafür entsprechen ansteigt. Im Frühjahr 1987 waren je ungefähr die Hälfte der Fichten in den Versuchsflächen schwach geschädigt und mittelstark geschädigt. Im Herbst 1987 stieg der Anteil der Stufe 1 und jener der Stufe 2 nahm ab. Dagegen liegt der Anteil der stark geschädigten und abgestorbenen Bäume jetzt bei 3 %. Die Zahl der völlig gesunden Bäume nahm auf 7 % zu.

Erst im Frühjahr 1983 wurden von der FVA eigentliche Fichtenversuchsflächen in den Schwerpunktgebieten der Fichtenerkrankung angelegt und seither systematisch und in gleicher Weise wie bei der Tanne weiter verfolgt. Die Abbildung 10 gibt die Verhältnisse für die Gesamtheit der Fichtenversuchsflächen in Baden-Württemberg wieder.

Abb. 10

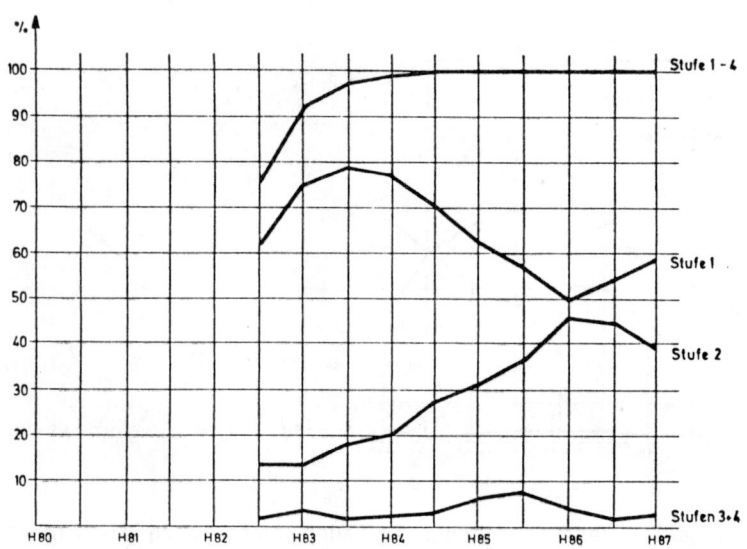

Grundsätzlich ergibt sich das gleiche Bild wie bei den Fichten in den Tannenversuchsflächen, allerdings mit einer leichten zeitlichen Verzögerung. Bereits im Herbst 1983 sind mehr als 90 % der Bäume erkrankt, ab Frühjahr 1984 gar 100 %. Auch hier steigt zuerst vor allem die Zahl der schwach geschädigten Bäume stark an und erreicht im Frühjahr 1984 mit 78 % ein Maximum. Gleichzeitig nimmt aber auch der Anteil der mittelstark geschädigten Bäume kontinuierlich zu, und im Herbst 1986 sind auch hier rund die Hälfte der Bäume schwach und die andere Hälfte mittelstark geschädigt. Der Anteil der stark geschädigten Bäume stieg nie über 7 % und sank bis 1987 wieder auf 1 %. Im deutlichen Gegensatz zu den Fichten in den Tannenversuchsflächen ist aber bis zum Herbst 1986 keine Verbesserung, sondern eine weiter kontinuierliche Verschlechterung des Gesundheitszustandes festzustellen, indem der Anteil der mittelstark geschädigten Bäume auf Kosten der schwach geschädigten zunimmt. Erst ab Herbst 1986 deutet sich eine gewisse Stabilisierung an.

Für das Untersuchungsgebiet besonders interessant und relevant sind die Ergebnisse der Fichtenversuchsflächen der FVA im Südschwarzwald, die in Abbildung 11 dargestellt sind.

Hier waren schon im Frühjahr 1983 keine ganz gesunden Bäume mehr anzutreffen, und dieser Befund hat sich seither nicht mehr verändert. Schon damals war auch rund die Hälfte der Fichten schwach und die andere Hälfte mittelstark geschädigt. Der Kurvenverlauf im einzelnen ist etwas unregelmäßiger als bei den anderen Abbildungen, was nicht zuletzt auf die kleinere Zahl der Versuchsflächen zurückzuführen ist. Dennoch ist unverkennbar, daß die Schwere der

Abb. 11

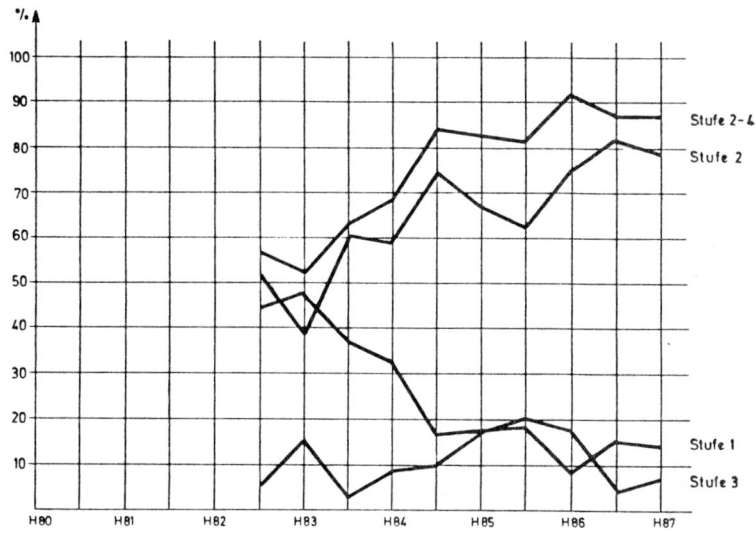

Erkrankung bis zum Herbst 1986 kontinuierlich zugenommen hat und zu diesem Zeitpunkt 91 % aller Bäume mittelstark und stark geschädigt waren. Der Anteil der schwach geschädigten Bäume lag bei 10 %. Bemerkenswert ist im Südschwarzwald auch die Tatsache, daß hier im Gegensatz zu den übrigen Fichtenversuchsflächen der Anteil der stark geschädigten Bäume recht hoch ist und im Frühjahr 1986 ein Maximum von 20 % erreichte. Seither ist er allerdings wesentlich zurückgegangen und sank bis zum Herbst 1987 wieder auf lediglich 7 % ab, bei entsprechender Zunahme der mittelstark geschädigten Bäume. Dagegen fehlt eine entsprechende Zunahme der schwach geschädigten Bäume. Wenn also eine gewisse Verbesserung des Gesundheitszustandes eingetreten ist, so äußert sich diese bisher erst in einer Verschiebung zwischen der Klasse der stark geschädigten und jener der mittelstark geschädigten Bäume. Die Situation bleibt daher nach wie vor bedrohlich.

Zum ersten Mal hat die Europäische Wirtschaftskommission der Vereinten Nationen, die ECE, für das Jahr 1986 eine europaweite Erhebung des Gesundheitszustandes der Wälder durchgeführt. Deren Ergebnis zeigt Tabelle 4.

Die Erhebungen der ECE wurden nach den gleichen Grundsätzen durchgeführt wie die terrestrische Waldschadensinventur in der Bundesrepublik Deutschland. Ein Teil der Länder beschränkte allerdings die Inventur auf einzelne, in der Regel besonders stark betroffene Regionen. Trotzdem sind diese Zahlen sehr aufschlußreich. Sie zeigen einmal, daß die neuartigen Waldschäden in ganz Europa verbreitet sind und sich nicht nur auf einzelne Länder beschränken, wie das in der Öffentlichkeit oft geglaubt wird. Allerdings ist das Ausmaß der Schäden

Tab. 4: Waldschadenserhebung der ECE 1986 (nur Nadelholz)
repräsentative Erhebung für ganzes Land

	Prozentanteil der Schadklassen	
	1-4	2-4
Schweden	17,7	2,1
Luxemburg	20,2	4,2
Finnland	27,5	8,7
Norwegen	28,9	12,0
Österreich	36,5	4,5
Tschechoslowakei	49,2	16,4
Schweiz	52,0	16,0
Bundesrepublik	52,8	19,5
Niederlande	59,2	28,9

Nur ausgewählte Regionen - nicht repräsentativ für ganzes Land

Frankreich	38,0	12,5
Spanien	38,7	18,2
Jugoslawien	38,8	23,0
Ungarn	39,6	15,0
Bulgarien	31,2	5,9
Großbritannien	67,0	28,9

Quelle: BML, Waldschadenserhebung 1987.

von Land zu Land ziemlich stark verschieden. In der Spitzengruppe liegen die Niederlande, die Bundesrepublik Deutschland, die Schweiz und die Tschechoslowakei, alles hoch industrialisierte und dicht besiedelte Länder im Zentrum von Mitteleuropa. Beträchtliche Schäden, vor allem wenn man die Schadklassen 2-4 betrachtet, verzeichnet auch Norwegen. Österreich nimmt eine Mittelstellung ein, vor allem scheinen die höheren Schadklassen relativ schwach vertreten zu sein. Sehr hoch sind die starken Schäden auch in den Niederlanden, dem Spitzenreiter in dieser Statistik. Die Zahlen der Länder, die keine Vollerhebung durchführten, lassen sich nur schwer mit den anderen Ländern vergleichen. Sie zeigen aber, daß auch dort regional offenbar sehr starke Schäden auftreten.

Die eingehendere Analyse des bisherigen Verlaufes und des gegenwärtigen Standes der Walderkrankung aufgrund des vorhandenen statistischen Materials ergibt ein recht differenziertes Bild. Es zeigt sich einmal, daß die Zusammenfassung der Ergebnisse der terrestrischen Waldschadensinventuren für große Gebiete, beispielsweise für die ganze Bundesrepublik, wenig aussagekräftig ist, weil sich gegenläufige Entwicklungen, z.B. zwischen einzelnen Regionen oder einzelnen Baumarten, kompensieren können und einen stabilen Zustand vortäuschen, der tatsächlich nicht besteht.

Es zeigt sich weiter, daß der Schadensverlauf offensichtlich schubweise vor sich geht. Ein erster Schub erfaßte um 1980 die Tanne und brachte eine rapide Verschlechterung ihres Gesundheitszustandes praktisch in der ganzen Bundesrepublik. Die Tanne ist heute fast durchgehend sehr stark geschädigt, wenn sich auch in den letzten Jahren eine gewisse, ganz leichte Verbesserung anzudeuten scheint. Mit einer kleinen Verspätung auf die Tanne folgte dann ab 1981/82 die Fichte mit einem sehr ausgeprägten Krankheitsschub, der sich zunächst auf hohem Niveau stabilisierte, bevor sich in den letzten Jahren in einigen Gebieten eine gewisse Erholung andeutet. Im Gegensatz dazu hat sich seit 1984 der Gesundheitszustand der Laubbäume, insbesonders der Buchen und Eichen, laufend verschlechtert, und es ist im Moment noch keine Trendwende festzustellen.

Groß sind auch die regionalen Unterschiede im Ausmaß der Walderkrankung. Besonders betroffen sind die höheren Lagen der Mittelgebirge und gewisse Bereiche am Alpenrand. Das Beispiel der Niederlande zeigt aber, daß offenbar unter bestimmten Umständen auch im Tiefland die neuartigen Waldschäden ein beträchtliches Ausmaß erreichen können.

Auf was die verschiedenen Entwicklungsschübe zurückzuführen sind, ist heute noch schwer zu sagen. Sicher spielen die jeweiligen Witterungsbedingungen eine gewisse Rolle. Die Zusammenhänge sind aber sehr komplex. Die regionalen Unterschiede lassen sich z.T. auf die verschiedenen klimatischen Bedingungen der einzelnen Regionen sowie auf Unterschiede in bezug auf den geologischen Untergrund und Boden zurückführen. Außerdem ist auch die Immissionsbelastung regional stark verschieden, nicht nur was die Schadstoffkonzentrationen anbetrifft, sondern gerade auch in bezug auf die Zusammensetzung der Schadstoffe. Ebenso ergeben sich aus den Interaktionen von vorhandenen Schadstoffen und klimatischen Bedingungen möglicherweise starke regionale Unterschiede.

Alle diese vielen verschiedenen Wirkfaktoren erschweren die Feststellung von kausalen Zusammenhängen und damit auch Prognosen für die weitere Entwicklung. Mit Sicherheit kann aber gesagt werden, daß es sich bei der Walderkrankung nicht um ein einheitliches Phänomen handelt, sondern daß regional und möglicherweise auch im Zeitablauf durchaus verschiedene Krankheitserscheinungen und Krankheitsabläufe vorkommen können und daß nicht überall die gleichen Schadstoffe und Schadstoffkombinationen als Hauptbeteiligte in Frage kommen.

Wegen des Fehlens von spezifischen Daten für das Untersuchungsgebiet Südlicher Oberrhein und der Unmöglichkeit, umfangreiche eigene Untersuchungen durchzuführen, blieb dem Arbeitskreis keine andere Wahl, als mit bestimmten Annahmen zu rechnen. Am naheliegendsten war die Annahme, daß die Entwicklung und der heutige Stand der Walderkrankung im Untersuchungsgebiet mit dem Durchschnitt jener Wuchsgebiete, die auch im Untersuchungsgebiet vorkommen, übereinstimmt. Es wurden also für die Teilregion Schwarzwald die Werte des ganzen Wuchsgebietes Schwarzwald und ebenso für die Teilregionen Vorbergzone und Rheinebene die Werte der entsprechenden Wuchsgebiete unverändert übernommen. Eine Grobanalyse der Stichprobenpunkte und Beobachtungen im Gelände erlauben den Schluß, daß sich die Region Südlicher Oberrhein in bezug auf den Waldzustand kaum wesentlich von den benachbarten Regionen unterscheidet. Das gilt sowohl für den Schwarzwald als auch für die beiden anderen Wuchsgebiete. Auch eine Unterteilung nach Waldeigentümerkategorien erschien wenig sinnvoll; auch hier wird angenommen, daß alle Eigentümerkategorien gleichermaßen betroffen sind.

Wegen der kleinen Waldflächen in den Teilregionen Rheinebene und Vorbergzone erweist sich die Übernahme der Resultate für den gegenwärtigen Waldzustand aus dem viel ausgedehnteren Wuchsgebiet als problematisch, umsomehr als vor allem in der Rheinebene und der Vorbergzone der Gesundheitszustand des Waldes relativ gut ist und daher auch nur kleine Schadensprozente auftreten. Entsprechend der überragenden Bedeutung der Wälder im Schwarzwald konzentrieren sich die nachfolgenden Überlegungen daher auf dieses Wuchsgebiet.

Auf Grund der Ergebnisse der Waldschadensinventur 1987 ergeben sich die nachfolgenden Anteile an den Schadstufen für die Baumarten Fichte, Tanne, Kiefer und Buche, die im Schwarzwald im wesentlichen die Bestände aufbauen.

Diese Werte sind wesentlich günstiger als die Resultate der innerhalb der Untersuchungsregion liegenden Versuchsflächen der FVA, die oben eingehend besprochen wurden. Jene Resultate sind aber aus den genannten Gründen nicht repräsentativ für den ganzen Südschwarzwald. Es bestehen jedoch auch Anzeichen, daß der Gesundheitszustand der Wälder im Hochschwarzwald innerhalb der

Tab. 5: Anteile der Schadstufen in Prozent

Schadstufe	Fichte	Tanne	Kiefer	Buche
0	26,7	20,7	9,5	19,4
1	36,5	22,9	51,7	50,4
2	34,3	49,8	31,9	29,8
3	2,3	6,6	0,9	0,5
4	0,2	-	-	-

Region Südlicher Oberrhein schlechter ist als im Durchschnitt des gesamten Wuchsgebietes Schwarzwald.

Die Zahlen der Tabelle 5 sind daher eher zu günstig als zu ungünstig für den engeren Untersuchungsraum. Sie lassen aber auch keinen Zweifel am schlechten Zustand des Waldes. Mehr als ein Drittel aller Fichten, die Hälfte aller Tannen und knapp ein Drittel der Kiefern und Buchen sind mittelstark geschädigt. Immerhin 6,6 % der Tannen, 2,5 % der Fichten, 0,9 % der Kiefern und 0,5 % der Buchen sind stark geschädigt oder abgestorben, wobei nicht übersehen werden darf, daß der größte Teil der sehr stark geschädigten oder gar abgestorbenen Bäume regelmäßig eingeschlagen wird und diese Bäume daher in den Resultaten der terrestrischen Waldschadensinventur nicht mehr erscheinen. In Gebieten mit sehr starken Waldschäden, wie im Schwarzwald, ist der dadurch bedingte statistische Fehler größer als für den Durchschnitt des ganzen Bundesgebietes.

3.2 Szenarien für mögliche Weiterentwicklungen der Walderkrankung

Die gegenwärtige Walderkrankung ist ein neues Phänomen, für das es keine historischen Parallelen gibt. Es ist auch überall ungefähr gleichzeitig aufgetreten, so daß es kaum möglich ist, aus den Erfahrungen eines Gebietes mit relativ frühem Auftreten auf den weiteren Verlauf in anderen Gebieten zu schliessen. Dies wäre auch dadurch erschwert, daß - wie eingangs gezeigt wurde - die Konstellation der verschiedenen Wirkfaktoren lokal durchaus verschieden ist und auch deshalb die Erfahrungen von einem Ort nur schwer auf andere Verhältnisse übertragen werden können.

Wie die Ausführungen im Abschnitt 3.1 zeigten, ist die Entwicklung in den letzten Jahren sehr unregelmäßig verlaufen. Aus der kurzen Beobachtungszeit und dem schwer zu deutenden Verlauf der Werte läßt sich auch kein Trend erkennen, der mit vertretbarer Begründung in die Zukunft extrapoliert werden könnte. Trendextrapolationen sind außerdem bei Erscheinungen, die von vielen verschiedenen Faktoren abhängen, die sich gegenseitig beeinflussen, grundsätzlich kaum möglich. Selbst Faktoren, deren Einfluß unbestreitbar ist, wie der Witterungsverlauf, lassen sich ebenfalls nicht prognostizieren. Aus allen diesen Gründen ist es grundsätzlich unmöglich, den weiteren Verlauf der Walderkrankung verläßlich zu prognostizieren.

In einer solchen Situation bleibt nichts anderes übrig, als mit Szenarien zu operieren. Szenarien sind keine Prognosen, sondern beruhen auf einer Reihe von plausiblen Annahmen. Sie sagen nichts aus, als daß unter Zugrundelegung bestimmter Hypothesen mit einer gewissen Wahrscheinlichkeit eine bestimmte Entwicklung zu erwarten ist. Entscheidend sind daher die Annahmen, welche einem

Szenario zugrunde gelegt werden. Sind diese Grundannahmen relativ optimistisch, ergibt sich ein relativ günstiges Bild der möglichen Entwicklung, bei pessimistischen Grundannahmen ein düsteres Bild der Entwicklung. In der Regel wird daher mit einer Mehrzahl von Szenarien operiert, unter denen solche mit betont optimistischen und solche mit pessimistischen Grundannahmen sind. Zwischen den Extremen liegt dann ein Korridor, innerhalb welchem die tatsächliche Entwicklung zu erwarten ist. Breite und Verlauf dieses Korridors werden aber ebenfalls durch die gewählten Grundannahmen bestimmt. Sofern keine eindeutigen kausalen Zusammenhänge vorhanden oder bekannt sind, lassen sich auch keine Angaben über die Wahrscheinlichkeit des Eintreffens des einen oder anderen Szenarios machen.

Im Laufe der letzten Jahre wurden vielerlei verschiedene Szenarien für die mögliche Weiterentwicklung der Walderkrankung aufgestellt. Szenarien sind meistens zweckbestimmt, d.h. man möchte damit eine bestimmte Wirkung erreichen. So kann ein bestimmtes Szenario dazu dienen, die Dramatik einer Entwicklung deutlich zu machen, oder aber umgekehrt die Situation beschönigen und zur Beruhigung beitragen. Szenarien sind daher hervorragend geeignet, um eine wenig kritische Öffentlichkeit zu manipulieren und unter dem Schein wissenschaftlicher Präzision bestimmte Situationen zu suggerieren. Dies wurde auch auf dem Gebiet der Walderkrankung verschiedentlich versucht.

Trotz dieser inhärenten Mängel können Szenarien wertvolle Denkanstöße geben und dazu beitragen, mögliche zukünftige Entwicklungen und Tendenzen sichtbar zu machen und zu zeigen, wie sich bestimmte Maßnahmen auswirken können. Voraussetzung dafür ist aber ein sehr verantwortungsbewußtes Vorgehen, der Versuch, einseitige Beurteilungen zu vermeiden und eine klare Darstellung und Begründung der Grundannahmen, auf denen die Szenarien aufbauen. Dabei muß gerade der Öffentlichkeit immer wieder klar gemacht werden, daß Szenarien keine Prognosen sind. Sie erweisen sich aber als äußerst nützlich um mögliche Entwicklungen abzuschätzen, wobei die Annahmen offengelegt und ihre Glaubwürdigkeit diskutiert werden können.

Szenarien stellen eine wertvolle Methode dar, mit vagen und unscharfen Informationen umzugehen. Der Arbeitskreis entschloß sich daher, ebenfalls mit Szenarien zu arbeiten. Er versuchte dabei, möglichst plausible Grundannahmen zu treffen und konkrete Erfahrungen und Erkenntnisse so weit als möglich zu berücksichtigen. So wurde als Basis aller Szenarien der durch die offiziellen Schadensinventuren festgestellte gegenwärtige Waldzustand angenommen. Wie bereits gezeigt wurde, mußte aber bereits hier mit bestimmten Annahmen operiert werden, z.B. daß der Waldzustand im engeren Untersuchungsgebiet identisch sei mit dem durchschnittlichen Zustand des Waldes im ganzen Wuchsgebiet, für das die entsprechenden Zahlen über eine bestimmte Zahl von Stichproben errechnet wurden. Es spricht einiges dafür, daß diese Annahme zutrifft, sie ist aber nicht zu beweisen.

Weiter wird von der Annahme ausgegangen, daß die festgestellten Nadelverluste und Verfärbungen tatsächlich den Gesundheitszustand eines Baumes repräsentieren. Diese Annahme ist nicht unbestritten; bisher gelang es aber weder, sie eindeutig zu beweisen, noch sie eindeutig zu widerlegen. Der gelegentlich geltend gemachte Einwand, durch die Art der Schadeneinschätzung am Einzelbaum durch verschiedene Aufnahmetrupps sei der Schadensgrad nicht eindeutig feststellbar, ist dagegen nicht stichhaltig. Natürlich handelt es sich um Schätzungen und nicht um Messungen. Systematisch durchgeführte Wiederholungsschätzungen sowohl durch die gleichen Schätzer als auch durch andere Trupps haben ergeben, daß nach entsprechendem Training und systematischer "Eichung" der Aufnahmetrupps an bestimmten Objekten eine recht weitgehende Objektivierung und Homogenisierung der Schätzungen erreicht werden kann. Es schien dem Arbeitskreis daher vertretbar, die Ergebnisse der terrestrischen Waldschadensinventur als Basis für die Szenarien der möglichen Weiterentwicklung zu wählen.

Im Hinblick auf den Zugang von neu erkrankten Bäumen erschien die Grenze von 60 % Nadel- bzw. Blattverlust von besonderer Bedeutung, da davon ausgegangen wird, daß Bäume mit mehr als 60 % Nadelverlust auf die Dauer nicht überleben werden. Bei Bäumen mit geringerem Schädigungsgrad scheint dagegen eine Regeneration oder ein langes Verharren im gegenwärtigen Zustand möglich. Die Zahl der Bäume, die in den einzelnen Jahren die Schwelle der Schadstufe 3 überschritten haben, läßt sich aus den Ergebnissen der terrestrischen Waldschadensinventur errechnen. Die Unterschiede von Jahr zu Jahr sind aber recht groß. Der Arbeitskreis entschied sich zur Annahme, daß als pessimistische Variante eines Szenarios die Verhältnisse im ungünstigsten Jahr des Untersuchungszeitraumes 1983-1986 (die Zahlen von 1987 standen damals noch nicht zur Verfügung) gewählt werden sollte. Die optimistische Variante rechnete mit den Verhältnissen im bisher günstigsten Jahr, die mittlere Variante mit dem Durchschnitt über die ganze bisherige Inventurperiode hinweg.

Diese Annahmen erschienen dem Arbeitkreis plausibel, da sie auf gemessenen Daten und den Erfahrungen der letzten Jahre beruhen. Angesichts des recht kurzen Erfahrungszeitraumes bleiben allerdings große Unsicherheiten. So ist es durchaus möglich, daß ungünstige Witterungsbedingungen in einem oder in einer Folge von Jahren den Fortschritt der Erkrankung stark beschleunigen oder aber günstige Witterungsbedingungen in einem oder in einer Folge von Jahren zu einer Stabilisierung beitragen. Es ist aber auch denkbar, daß Einwirkungen auf ein Ökosystem während langer Zeit ohne sichtbare Folgen bleiben, bis eine bestimmte Bruchgrenze erreicht wird und ein plötzlicher Zusammenbruch erfolgt. Das sogenannte "Umkippen" von Gewässern ist ein Beispiel dafür. Das könnte u.U. auch beim Wald passieren.

Unter diesen Annahmen ergeben sich eine Reihe von möglichen Szenarien. Der Arbeitskreis hat davon drei ausgewählt und seinen weiteren Überlegungen zugrunde gelegt. Das optimistische Szenario geht davon aus, daß sich das Absterben der heute über 60 % geschädigten Bäume über den langen Zeitraum von 15 Jahren verteilt und daß sich der Neuzugang zur Schadstufe 3 so fortsetzt, wie er im günstigsten Jahr zwischen 1983 und 1986 verzeichnet wurde. Die pessimistische Variante dagegen rechnet mit dem Absterben der über 60 % Nadelverlust aufweisenden Bäume innerhalb von 5 Jahren und mit einem jährlichen Neuzugang zur Stufe 3 entsprechend den Verhältnissen im ungünstigsten Jahr der Beobachtungsperiode. Die mittlere Variante ihrerseits geht von einem Absterbenszeitraum von 10 Jahren und einem Neuzugang aus, der dem Durchschnitt der Jahre 1983/86 entspricht. Alle weiteren Überlegungen des Arbeitskreises über die Auswirkungen der Walderkrankung auf den Untersuchungsraum Südlicher Oberrhein basieren auf diesen drei Szenarien.

3.3 Wahl des Zeithorizontes für die Untersuchung

In diesem Zusammenhang stellt sich natürlich auch die Frage des generellen Zeithorizontes der Untersuchungen des Arbeitskreises. Es ist nicht zu bestreiten, daß die Walderkrankung wahrscheinlich sehr langfristige Folgen haben wird. Das ergibt sich schon daraus, daß bei nüchterner Betrachtung nicht damit gerechnet werden kann, daß die Ursachen innerhalb von wenigen Jahren beseitigt werden können. Selbst die jetzt beschlossenen Maßnahmen brauchen viele Jahre, bis sie wirklich greifen werden. Auch wenn in der Bundesrepublik eine massive Verbesserung erreicht würde, stellt sich das Problem der importierten Luftverschmutzung, bei der die Bundesrepublik von den Maßnahmen der umliegenden Staaten abhängt. Gerade angesichts der Grenzlage des Untersuchungsraumes spielt dieser Punkt eine große Rolle.

Nach den bisherigen Erfahrungen handelt es sich bei der Walderkrankung um einen schleichenden Prozeß, der sich mit gewissen Schwankungen über Jahre hinweg erstreckt. Auch eine eventuelle Wiedergesundung der weniger geschädigten Teile des Waldes wird nicht schlagartig erfolgen, sondern lange Zeiträume in Anspruch nehmen. Bei den langen Produktionszeiträumen der Forstwirtschaft und dem langsamen Baumwachstum werden auch einmal geschlagene Wunden und Störungen des Altersklassenaufbaus über Jahrzehnte nachwirken, wie wir das von früheren Katastrophen oder Übernutzungen aus anderen Gründen kennen. Andere Folgen der Walderkrankung werden sich mit der Zeit akkumulieren und möglicherweise erst sehr viel später sicht- und spürbar werden.

Der Arbeitskreis hat sich eingehend mit der Frage des zu wählenden Zeithorizontes befaßt. Obwohl er die Bedeutung der langfristigen Auswirkungen nicht unterschätzt, kam er aber doch zu der Auffassung, daß angesichts der heutigen mangelhaften Kenntnisse vieler wichtigen Faktoren und angesichts der konkreten Aufgabenstellung, nämlich zu untersuchen, welche raumordnerischen Probleme auftreten können und was sich daraus für planerische Konsequenzen ergeben, ein zu weit gespannter Zeithorizont der Sache nicht dienlich wäre. Einmal würden die Aussagen mit noch weit größeren Unsicherheiten behaftet, als dies aus den geschilderten Gründen schon für die nähere Zukunft der Fall ist. Dazu kommt, daß bei sehr langen Zeithorizonten damit zu rechnen ist, daß auch die politischen, wirtschaftlichen, technischen und gesellschaftlichen Randbedingungen sich ändern und damit neue und zusätzliche Unsicherheiten eingeführt würden.

Der Arbeitskreis entschloß sich daher, seiner Studie einen Zeithorizont zugrunde zu legen, der größenordnungsmäßig dem Zeithorizont der Regionalplanung entspricht. Er hält es für besser, einen relativ kurzen, überschaubaren Zeitraum zu wählen und dafür damit zu rechnen, daß auf Grund weiterer Erfahrungen und festgestellter Entwicklungen in relativ kurzen zeitlichen Abständen der ganze Problemkreis wieder zu analysieren ist und die sich aufdrängenden Modifikationen dann eingearbeitet werden - in ähnlichem Sinne, wie dies bei einer regionalen Planung üblich ist. Der gewählte Zeithorizont beträgt daher 10-12 Jahre vom Beginn der Arbeit und den zur Verfügung stehenden Unterlagen an gerechnet. Das entspricht einem konkreten Zeithorizont von ungefähr dem Jahre 1995.

3.4 Ergebnisse der Szenarien zur Schadensentwicklung

Zweck der Szenarien war es, zu untersuchen, wie sich bei den verschiedenen Annahmen die Verhältnisse weiterentwickeln, um daraus ableiten zu können, was sich für Folgen für die ganze Region ergeben können. Die detaillierten Berechnungen zu den einzelnen Szenarien sind im Bericht von H. Burgbacher "Die Auswirkungen der Walderkrankung auf die Waldwirtschaft in der Region des Regionalverbandes Südlicher Oberrhein" enthalten, der im Auftrag des Arbeitskreises entstand und separat veröffentlicht wird. An dieser Stelle sollen nur die wichtigsten Ergebnisse wiedergegeben werden.

Zunächst interessiert die weitere Entwicklung des Gesundheitszustandes der Wälder. Die Abbildung 12 zeigt, wie sich der Anteil der einzelnen Schadstufen bei den beiden wichtigsten Baumarten Fichte und Tanne unter den drei verschiedenen Annahmen entwickelt.

Bei der optimistischen Variante ergibt sich bei beiden Baumarten wieder eine Verbesserung des allgemeinen Gesundheitszustandes. Dies ist besonders ausgeprägt bei der Fichte der Fall. Bereits ab etwa 1990 wären die Schadstufen 2-4, teilweise durch Regeneration der schwächer geschädigten Bäume in Schadstufe 2, teilweise durch natürlichen Abgang und Aushieb der stärker geschädigten Bäume,

Abb. 12

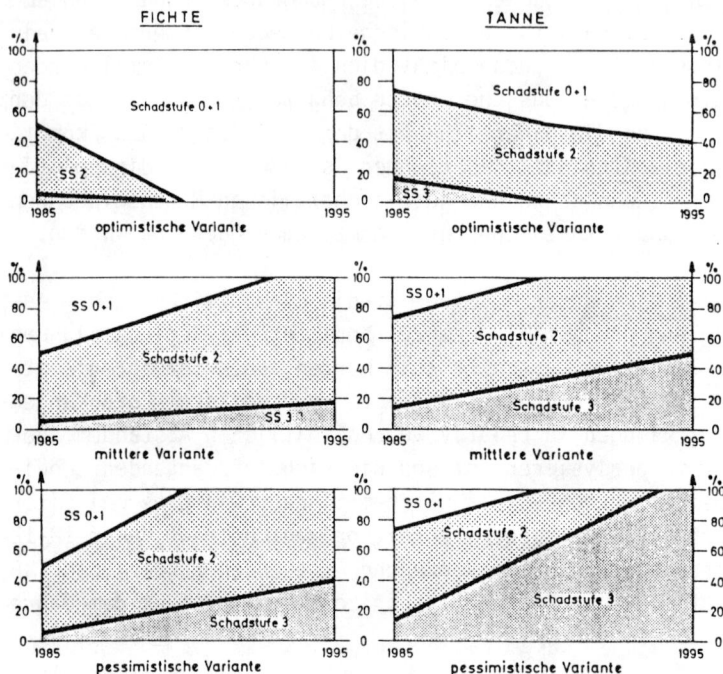

verschwunden, und alle verbleibenden Fichtenbestände würden den beiden Schadstufen "ohne Schadensmerkmale" oder "schwach geschädigt" angehören.

Auch bei der Tanne ergäbe sich eine gewisse Verbesserung der Situation. Die Schadstufen 3 und 4 würden etwa um 1990 aus den gleichen Gründen wie bei der Fichte verschwinden. Der Anteil der Schadstufe 2 "mittelstark geschädigt" bleibt aber nach wie vor hoch und erreicht selbst 1995 noch 40 %. Die übrigen Bäume fielen in die Schadstufen 0 und 1.

Bei der mittleren Variante tritt bei beiden Baumarten eine weitere Verschlechterung des Gesundheitszustandes ein. Bei der Fichte würden vor allem die mittelstark geschädigten Bäume stark zunehmen. Ab etwa 1993 wären keine gesunden oder nur schwach geschädigte Bäume mehr vorhanden und die stark geschädigten Bäume der Schadstufe 3 würden 1995 annähernd 20 % erreichen.

Bei der Tanne wäre die Situation noch wesentlich schlimmer. Schon 1990 gäbe es keine gesunden oder nur schwach geschädigten Bäume mehr, und vor allem auch der Anteil der stark geschädigten Bäume der Schadstufe 3 würde sehr stark zunehmen und im Jahre 1995 50 % aller Bäume umfassen. Da davon auszugehen ist, daß in der Regel bei den stark geschädigten Bäumen mit mehr als 60 % Nadelverlust keine Regenerierung erfolgt, müßte damit gerechnet werden, daß nach 1995 die Hälfte aller dann noch vorhandenen Tannen in den folgenden Jahren absterben würden.

Eine katastrophale Situation tritt bei der pessimistischen Variante ein. Bei der Fichte gäbe es schon nach 1990 keine gesunden und schwach geschädigten Bäume mehr. Etwa 80 % der Fichten wären als mittelstark geschädigt in Klasse 2 und auch der Anteil der nach bisherigen Erfahrungen nicht mehr regenerierfähigen Bäume der Klasse 3 würde im Jahre 1995 40 % erreichen.

Noch schlechter ist das Bild bei der Tanne. Der an sich schon kleine Anteil der gesunden und schwach geschädigten Bäume wäre ebenfalls spätestens 1990 verschwunden und der Anteil der Schadstufe 2 nähme zugunsten der Schadstufe 3 weiter stark ab. Schon etwa 1994 gäbe es nur noch stark geschädigte und absterbende Tannen, und es müßte damit gerechnet werden, daß diese Baumart dann innert weniger Jahre völlig verschwinden wird.

Sofern wir davon ausgehen, daß die Waldbesitzer versuchen werden, die schwer kranken und absterbenden Bäume noch vor ihrem natürlichen Tod zu nutzen, einerseits um das noch brauchbare Holz verwerten zu können, andererseits aber auch um die Gefahr zusätzlicher Kalamitäten durch Insekten zu vermindern, ergeben sich je nach gewähltem Szenario verschieden hohe jährliche Anfälle an Schadholz (Abbildung 13).

Solange als möglich werden die Waldbesitzer versuchen, durch Reduktion und Zurückstellung von Hieben in gesunden oder nur schwach erkrankten Beständen den Schadholzanfall im Rahmen des normalen Hiebsatzes aufzufangen und so das produzierende Holzkapital auf dem bisherigen Niveau zu erhalten. Diese Strategie der Nutzungseinschränkung in den nicht und nur wenig geschädigten Beständen empfiehlt sich auch aus marktpolitischen Gründen, um ein Überangebot und damit einen Preiszusammenbruch zu vermeiden. Allerdings sind diesen Absichten zur Kompensation auch Grenzen gesetzt. So muß immer damit gerechnet werden, daß aus anderen Gründen, vor allem durch Sturm, Schneebruch und Insekten, weitere Zwangsnutzungen notwendig werden. Deren Anteil dürfte wahrscheinlich in den nächsten Jahren sogar deutlich zunehmen, weil gerade die durch die Waldschäden geschwächten und aufgelockerten Bestände und die neu entstandenen Bestandesränder gegen Sturm und Schnee besonders empfindlich sind und daher der Zwangsnutzungsanteil gegenüber den bisherigen Verhältnissen eher steigt. In den Szenarien wurde allerdings davon ausgegangen, daß die Zwangsnutzungen im gleichen Ausmaß wie in den letzten Jahren notwendig werden.

Auch waldbauliche Überlegungen machen in vielen Fällen eine sehr starke Einschränkung der Nutzungen in noch gesunden Beständen unmöglich. So müssen jüngere Bestände, nicht zuletzt auch um sie gegen Waldkrankheiten und Schnee-

Abb. 13

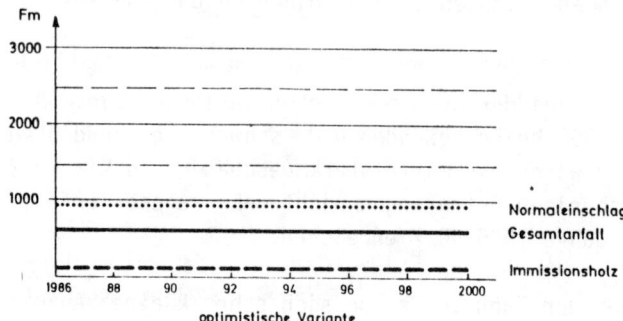

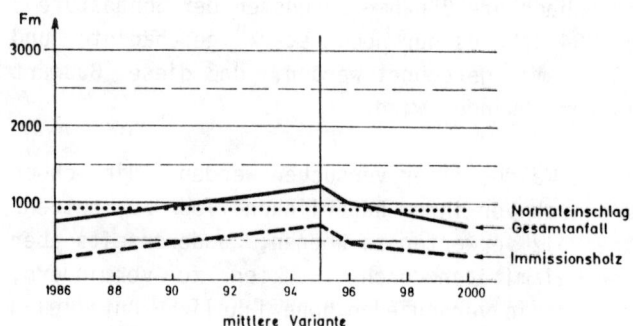

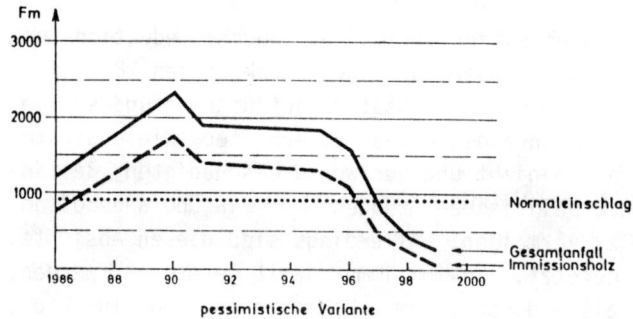

druck widerstandsfähiger zu machen, weiterhin durchforstet werden, und auch gesunde, überalterte Bestände oder bereits in einem fortgeschrittenen Stadium der Verjüngung befindliche Altbestände können nicht beliebig lange stehengelassen werden.

Der gesamte jährliche Holzanfall, mit dem gemäß den verschiedenen Szenarien-Varianten gerechnet werden muß, setzt sich deshalb zusammen aus den eingeschlagenen erkrankten Bäumen, den durch Sturm, Schnee und Insekten bedingten anderweitigen Zwangsnutzungen und einem Mindesteinschlag von gesunden Bäumen aus waldbaulichen Notwendigkeiten.

In der optimistischen Variante bleibt der so bestimmte Gesamtanfall deutlich unter dem Normaleinschlag. Eine volle Kompensation scheint daher möglich, und die Auswirkungen auf den Holzmarkt werden kaum spürbar sein, es sei denn, daß sich bei zu spät eingeschlagenen Bäumen Qualitätsmängel ergeben.

Auch bei der mittleren Variante erscheinen die Probleme aus dem größeren Holzeinschlag noch beherrschbar. Zwar werden während einiger Jahre die Holzmengen den bisherigen Normaleinschlag übersteigen. Es scheint aber möglich, diesen Mehranfall dadurch zu kompensieren, daß in Gebieten mit geringeren Waldschäden außerhalb der Untersuchungsregion die Nutzungen eingeschränkt werden, wie dies auf Grund des bestehenden Waldschadens-Ausgleichsgesetzes durchaus möglich ist.

Sehr schwierig wird dagegen die Lage bei der pessimistischen Variante. Hier liegen die Zwangsnutzungen während fast der ganzen Periode weit über dem Normaleinschlag und erreichen während fast zehn Jahren annähernd den doppelten Normaleinschlag. Erst ab etwa 1996 sinken sie stark ab und fallen schließlich weit unter den bisherigen Normaleinschlag, nachdem der größte Teil der stark erkrankten Bestände verschwunden ist. Schwere Marktstörungen erscheinen unvermeidlich, umsomehr, als bei diesem Szenario auch damit gerechnet werden muß, daß gleichzeitig die Waldschäden in anderen Regionen der Bundesrepublik und in den Nachbarländern stark zunehmen und auch dort die Nutzungen die bisherigen Einschläge übersteigen werden.

Während bei der optimistischen Variante die jährliche Verjüngungsfläche gegenüber dem Normalzustand kaum ansteigt und sich deshalb weder schwerwiegende ökologische Probleme noch Engpässe bei Arbeitskräften und Pflanzenbeschaffung zeigen werden, nimmt bei der mittleren und vor allem der pessimistischen Variante die Fläche der jährlich neu entstehenden Kahlflächen sehr stark zu, wie die Abbildung 14 zeigt.

Bei der mittleren Variante entstehen jährlich um 1000 ha zusätzliche Kahlflächen, vor allem in den Hochlagen des Schwarzwaldes, die einerseits ein landschaftsökologisches Risiko darstellen und andererseits große Anstrengungen zur Wiederbestockung mit geeigneten Baumarten nötig machen. Die kumulierte Kahlflächenausdehnung würde bei der mittleren Variante bis zum Jahr 2000 rund 17 000 ha erreichen. Das sind 12 % der gesamten Waldfläche im Schwarzwald.

Schwerwiegende Folgen und große Probleme ergeben sich vor allem bei der pessimistischen Variante, wo bis 1990 bis zu 4500 ha neue Kahlflächen pro Jahr entstehen könnten und während des größten Teils der Szenario-Periode jährlich

Abb. 14

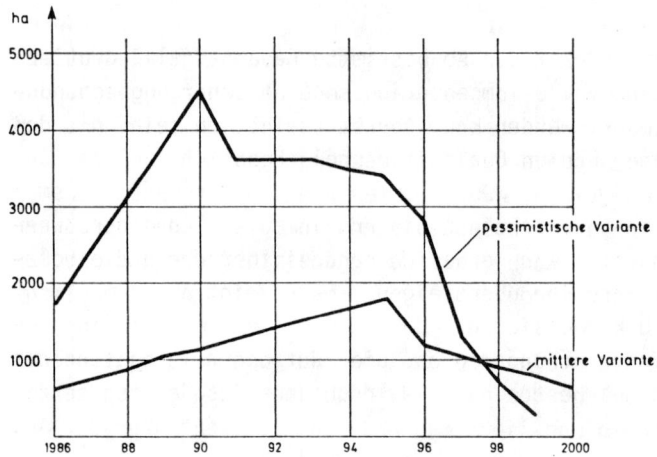

mit über 3000 ha Kahlflächen gerechnet werden müßte. Ab etwa 1997 würde die Fläche dann allerdings stark abnehmen, da der größte Teil der erkrankten Bestände bereits verschwunden ist. Die akkumulierte Kahlfläche bis zum Jahre 2000 übersteigt 38 000 ha, was 27 % der gesamten Waldfläche des Schwarzwaldes entspricht.

Auf Grund der Nutzungsmengen und der entstehenden Kahlflächen läßt sich auch abschätzen, wie viele Arbeitsstunden notwendig werden, um das Holz aufzuarbeiten und die Kahlflächen wieder anzupflanzen (Abbildung 15).

Abb. 15

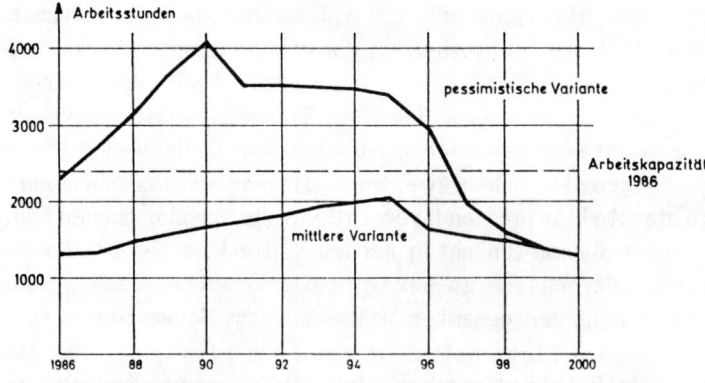

Im Jahre 1986 betrug die Arbeitskapazität der Forstwirtschaft in der gesamten Region etwa 2,4 Mio. Arbeitsstunden pro Jahr. Allein für die Aufarbeitung des Holzes und die Wiederanpflanzung der Kahlflächen würden nach der mittleren Variante pro Jahr zwischen 1,5 und 2 Mio. Arbeitsstunden benötigt. Bei äußerster Anstrengung und weitgehendem Verzicht auf andere Arbeiten (Jungbestandspflege, Durchforstungen in jüngeren Beständen) dürfte es möglich sein, mit den vorhandenen Arbeitskräften die Aufgabe der Aufarbeitung des Schadholzes und der Wiederaufforstung zu bewältigen. Dazu müßten aber in größerem Ausmaß Arbeitskräfte aus den weniger betroffenen Gebieten in die Schadensschwerpunktgebiete umgesetzt werden, was mannigfaltige organisatorische und psychologische Probleme mit sich bringen würde.

Bei der pessimistischen Variante steigt die Zahl der für die Aufarbeitung des Schadholzes und die Wiederbestockung der Kahlfläche nötigen Arbeitsstunden im Spitzenjahr auf 4 Mio Stunden an und liegt während längerer Zeit über 3 Mio. Stunden. In diesem Fall müßten in größerer Zahl zusätzliche Arbeitskräfte mobilisiert werden. Erst ab etwa 1997 sinkt das Arbeitsvolumen wieder wesentlich ab.

Die Szenarien bilden damit eine wesentliche Grundlage für die Überlegungen, welche Auswirkungen die Walderkrankung auf Natur und Wirtschaft in der Region Südlicher Oberrhein haben könnten. Dies geschieht im folgenden Kapitel.

4. Die Auswirkungen der Walderkrankung auf den Untersuchungsraum Südlicher Oberrhein

4.1 Allgemeines

Ziel des Arbeitskreises war es, die raumrelevanten Auswirkungen der Walderkrankung so weitgehend als möglich zu erfassen. Als raumwirksame Folgen kommen in erster Linie Auswirkungen auf die regionalen Strukturen und die daraus abzuleitenden regionalplanerischen Maßnahmen in Betracht. Eine erste Grobanalyse ergab, daß derartige Auswirkungen einerseits im Bereich Naturhaushalt und Landschaftsbild zu erwarten sind und andererseits eine Reihe von Wirtschaftszweigen in verschiedener Weise von der Walderkrankung betroffen werden können. Dies sind außer der Forstwirtschaft die holzbearbeitende Industrie, die Landwirtschaft infolge der großen Bedeutung des Bauernwaldes für das Arbeits- und Markteinkommen der bäuerlichen Betriebe in dieser Region sowie der Fremdenverkehr. Veränderungen in diesen Sektoren können ihrerseits vorgelagerte oder nachgelagerte andere Wirtschaftssektoren beeinflussen, sei es durch gesteigerte oder verminderte Nachfrage oder veränderte Angebote. Daraus ergeben sich insgesamt Einflüsse auf das Bruttosozialpodukt, den Arbeitsmarkt, die Anforderungen an die Infrastruktur (Verkehrsbedürfnisse, Wohnraum, Ausbildung, Versorgung und Entsorgung) usw..

Der Arbeitskreis beauftragte daher einzelne Mitglieder und ständige Gäste oder kleine Arbeitsgruppen, auf der Basis gemeinsam festgelegter und verbindlicher Szenarien die Auswirkungen auf einzelne Sektoren näher zu analysieren und im einzelnen darzustellen. Die Ergebnisse dieser sektoriellen Untersuchungen liegen in Einzeldarstellungen vor und sollen als solche durch die ARL veröffentlicht werden. An dieser Stelle wird daher nur soweit auf sie eingegangen, als dies für das allgemeine Verständnis und die Darstellung der Zusammenhänge notwendig ist. Im übrigen wird ausdrücklich auf diese Einzeldarstellungen verwiesen.

4.2 Auswirkungen auf Naturhaushalt und Landschaftsbild

4.2.1 Naturhaushalt

Aus der allgemeinen Beschreibung der natürlichen und wirtschaftlichen Verhältnisse des Untersuchungsraumes wurde deutlich, welche Rolle der Wald insbesondere in der Teilregion Schwarzwald spielt. Er bedeckt dort annähernd zwei Drittel der gesamten Fläche und ist mit seinen Schutz- und Wohlfahrtswirkungen sowie als Landschaftsfaktor von größter Bedeutung. Gerade hier ist aber auch die Gefährdung des Waldes weitaus am größten, während in den Teilräumen Vorbergzone und vor allem Rheinebene die Waldfläche wesentlich geringer, die Bedeutung des Waldes für die Teilregion nicht so ausgeprägt und andererseits auch die Gefährdung des Waldes vorläufig nicht so akut ist. Nach Auffassung der Arbeitsgruppe rechtfertigt diese Tatsache eine Konzentration mit Schwergewicht auf die Teilregion Schwarzwald.

Eine Arbeitsgruppe unter der Leitung von A. Schmidt hat sich sehr eingehend mit den Auswirkungen von Waldschäden auf einige ausgewählte Landschaftsfaktoren im Untersuchungsgebiet beschäftigt. Diese Studie ist als Band 95 der Beiträge der Akademie für Raumforschung und Landesplanung bereits veröffentlicht worden. Auf diese Veröffentlichung wird hier ausdrücklich verwiesen. Nach Auffassung des Arbeitskreises hat es sich gezeigt, daß eine derartige Gesamtbetrachtung der ökologischen Auswirkungen der Waldschäden für ein größeres Gebiet sehr sinnvoll und aufgrund mannigfaltiger vorhandener Unterlagen mit verhältnismäßig geringem Zeit- und Arbeitsaufwand auch möglich ist. Feldaufnahmen können dabei auf die Bearbeitung von Lücken im vorhandenen Material und auf die Abklärung von Spezialfragen beschränkt werden. Der Arbeitskreis unterstützt insbesondere auch die Schlußfolgerung seiner Arbeitsgruppe, daß derartige integrale Untersuchungen auch in anderen Regionen durchgeführt und die bei diesem Projekt gewonnenen Erfahrungen dort ausgenützt werden sollten.

Der Bericht zeigt mit aller Deutlichkeit, daß ökologisch sowohl die direkte Wirkung von gasförmigen Luftschadstoffen und die Deponie von Schadstoffen auf Vegetation und Boden als auch die indirekten Wirkungen durch das Absterben von Bäumen und Beständen Auswirkungen auf die Tier- und Pflanzenwelt und damit auf die terrestrischen und aquatischen Ökosysteme haben. Da die Walderkrankung in den älteren Beständen besonders ausgeprägt ist und diese wohl zuerst absterben, sind zunächst vor allem Großhöhlen bewohnende Arten und Altholzspezialisten gefährdet, soweit nicht ein Teil der abgestorbenen Bäume und Bestände im Wald belassen wird und damit gerade das Biotopangebot für derartige Spezialisten sogar verbessert wird.

Außerhalb des Waldes sind zunächst vor allem die selten gewordenen Biotoptypen der Moore und Halbtrockenrasen sowohl durch düngende als auch durch versauernd wirkende Stoffeinträge gefährdet. In den aquatischen Ökosystemen sind versauerungsbedingte Veränderungen im gesamten Artenbestand zu erwarten. Mit Abnahme der pH-Werte nimmt vor allem die Zahl der auf säurearmes Wasser angewiesenen Tier- und Pflanzenarten ab. Die kritischen Grenzwerte liegen bei pH 5 bis 5,5; solche Werte werden vor allem in Gebieten mit basenarmem Muttergestein, wie Buntsandstein und Granit sowie eingeschränkt Gneis, bereits erreicht. Mit abnehmenden pH-Werten ergeben sich auch Verschiebungen in den Konkurrenzbedingungen und Veränderungen bei den Räuber-Beute-Verhältnissen mit allen ihren Folgen. Die Abschätzung der Auswirkungen auf bestimmte Biotoptypen wurde im Untersuchungsgebiet durch das Vorhandensein einer umfassenden Kartierung regional bedeutsamer Biotope erleichtert.

Schwieriger einzuschätzen sind die Auswirkungen der Walderkrankung auf den Wasserhaushalt. Eine stärkere Auflichtung der Bestände oder gar ausgedehntere Kahlflächen führen dazu, daß die Interzeption der Niederschläge vermindert wird und damit mehr Wasser direkt auf den Boden gelangt. Da gleichzeitig beim Fehlen von Bäumen die Transpiration abnimmt, nimmt die Menge des zur Verfügung stehenden Wassers zu. Es kann daher damit gerechnet werden, daß in der Tendenz der jährliche Abfluß aus der Region eher zunimmt. Im flacheren Gelände und auf wenig durchlässigen Böden ist zu erwarten, daß vermehrt Staunässe auftritt. Dies dürfte vor allem im Buntsandstein-Schwarzwald der Fall sein.

Während keine stark spürbaren Veränderungen der gesamten Abflußmenge größerer Gebiete zu erwarten sind, können sehr wohl Veränderungen der Wasserqualität auftreten. Auf die Folgen der Versauerung des Wassers wurde bereits hingewiesen. Mindestens so schwerwiegend kann aber der höhere Nitratgehalt und die Freisetzung und Auswaschung von Aluminiumionen werden. Schon die beträchtlichen Mengen des heute aus der Luft eingetragenen und auf dem Waldboden deponierten Stickstoffs haben einen Einfluß auf den Nitratgehalt des Bodenwassers. Die durch das Auflichten oder das Verschwinden des Waldbestandes stärkere Belichtung und Erwärmung des Bodens führt außerdem zu einem raschen Abbau von Auflage- und Rohhumus und damit zu einem zusätzlichen Nitratangebot. Diese Erscheinung ist bei Kahlschlägen schon lange bekannt; sie könnte bei einem rasch fortschreitenden Absterben von Bäumen auf größeren Flächen ebenfalls wirksam werden und lokal die Wasserqualität von Quellen und Grundwasservorkommen beeinträchtigen, die bisher in bezug auf den Nitratgehalt günstige Verhältnisse aufwiesen. Die bisher vor allem der Landwirtschaft anzulastende Grundwasserbelastung durch Nitrat könnte sehr wohl durch nitrathaltige Wasser aus dem Waldgebiet verschärft werden. Daraus ergeben sich Probleme, die bei der weiteren Planung der Trinkwasserversorgung zu berücksichtigen sind.

Praktisch wichtiger als der jährliche Gesamtabfluß eines Gebietes ist im humiden Klimabereich der zeitliche Verlauf des Abflusses. Vor allem die Hochwasserspitzen sowohl der kleineren Wasserläufe als auch der Vorfluter verdienen besondere Beachtung. Sie bestimmen die Gefährdung von Siedlungen, Verkehrswegen und landwirtschaftlichen Nutzflächen und damit auch die Dimensionen der zum Schutze notwendigen Dämme und Rückhaltebecken, beziehungsweise die Flächen, die von Besiedlung freigehalten werden müssen. Außerdem hat der Verlauf des Abflusses eine wesentliche Bedeutung für die Menge des einsickernden Wassers und damit für die Speisung des Grundwassers.

Daß der Wald den Wasserabfluß eines Gebietes dadurch reguliert, daß sowohl Hochwasserspitzen als auch Niedrigwasser gemildert werden, ist unbestritten und durch viele lokale Untersuchungen erhärtet. Aus in- und ausländischen Untersuchungen liegen auch gute Zahlen über den oberflächlichen Abfluß der Niederschläge in Abhängigkeit von Topographie, Bodenart und Vegetationsdecke vor. Diese könnten dazu dienen, Hochwasserspitzen zu berechnen, die nach der Zerstörung des Waldes in einem bestimmten Gebiet zu erwarten sind. Entscheidend ist aber die Frage, welche Ersatzvegetation an Stelle der Waldbestände tritt und wie schnell sie sich entwickelt und für den Bodenschutz wirksam wird. Gerade darüber wissen wir aber heute noch sehr wenig. Eine oft als Zukunftsvision dargestellte Versteppung und Verkarstung des Schwarzwaldes scheint uns unter den kühl-humiden Klimaverhältnissen wenig wahrscheinlich. Solche Erscheinungen treten in Gebieten mit anderem Klimacharakter und vor allem dann auf, wenn nach der Waldzerstörung exzessive Beweidung, vor allem durch Kleinvieh, sowie das Feuer in Trockenperioden maßgeblich mitwirken. Diese Gefahr ist im Schwarzwald nicht groß.

Für das Untersuchungsgebiet stellt sich deshalb die Frage, welche Ersatzvegetationen bei einem Verschwinden oder einer Auflösung der Waldbestände an deren Stelle treten. Systematische Untersuchungen über die Veränderung der Bodenflora in geschädigten Wäldern sind eingeleitet. Ausreichend abgesicherte Ergebnisse liegen noch nicht vor. Es zeigt sich aber bereits sehr deutlich, daß vor allem die nitrophile Flora auf Kosten der bisherigen Bodenflora begünstigt wird und überhandnimmt. Aus dem Erzgebirge ist bekannt, daß nach dem Absterben der Wälder die Flächen vergrasen, wodurch zweifellos der oberflächliche Abfluß der Niederschläge erleichtert und beschleunigt wird. Dort ist aber die Vegetationsentwicklung eindeutig auf übermäßige SO_2-Immisssionen zurückzuführen, was im Untersuchungsgebiet nicht der Fall ist. Bisherige Beobachtungen im Schwarzwald lassen eher den Schluß zu, daß als Folge der zunehmenden Auflichtung und des nachfolgenden Absterbens der Baumvegetaion sich entweder eine dichte Naturverjüngung oder aber eine üppige Strauch- und Schlagflora einstellt, wobei Holunder, Vogelbeere und Himbeere eine besondere Rolle spielen. Eine solche Gebüsch- und Strauchvegetation ist aber durchaus in der Lage, den Wasserabfluß in ähnlicher Weise wie ein Baumbestand zu regulieren. Solange diese nitrophile Ersatzvegetation nicht ebenfalls durch Umwelteinflüsse geschädigt wird, wofür aber bisher keine Anzeichen vorliegen, dürfte vorderhand die Gefahr von exzessiven Hochwasserspitzen nicht so stark zunehmen, daß akute neue Bedrohungen entstehen. Probleme können jedoch in den Übergangsstadien bis zur Erreichung einer wirksam werdenden Ersatzvegetation auftreten. Auf jeden Fall muß sowohl die Frage des Wasserabflusses und die Gefahr exzessiver Hochwasserspitzen als auch die Frage der Ersatzvegetationsentwicklung weiter verfolgt werden.

Eng verbunden mit der Frage des Oberflächenabflusses und der Hochwasserspitzen ist die Erosion. Entscheidend für die flächige Oberflächenerosion ist der Zustand der Vegetationsdecke und ihres Wurzelwerks. Eine geschlossene Gras- oder Gebüschvegetation kann Oberflächenerosion ebenso gut verhindern wie ein Waldbestand. Auf Grund der bisherigen Beobachtungen kann davon ausgegangen werden, daß im überwiegenden Teil der Fälle im Schwarzwald vorläufig an Stelle der absterbenden Bäume sehr rasch eine andere bodendeckende Vegetation auftritt. Die Erosionsgefahr sollte daher nicht überbewertet werden. Entscheidend für die Verringerung der Erosionsgefahr auf den möglicherweise ausgedehnten zukünftigen Kahlflächen ist eine rasche Wiederbedeckung des Bodens mit einer leistungsfähigen Ersatzvegetation oder eine rasche Wiederbestockung mit Waldbäumen. Sowohl Ersatzvegetaion als auch Wiederverjüngung sollten bereits unter dem Schirm des abgehenden Altbestandes systematisch gefördert und beim Holzeinschlag so weit als möglich geschützt werden. Unter diesen Voraussetzungen kann eine flächenhafte Erosion weitgehend vermieden werden. Dies zeigen auch die Erfahrungen in anderen Mittelgebirgen mit kühl-humiden Klimaverhältnissen, z.B. im weitgehend entwaldeten Schottland.

Die gefährliche Hangfußerosion und die Rinnenerosion in den Bachläufen selbst hängt sehr stark von den Hochwasserspitzen und vom geologischen Untergrund ab. Wie bereits dargestellt wurde, ist nicht damit zu rechnen, daß in unmittelbarer Zukunft die Hochwasserspitzen übermäßig zunehmen. Im Gegensatz zu vielen

Gebieten in den Alpen sind im alten Rumpfgebirge des Schwarzwaldes weder sehr große Akkumulationen von Lockergesteinen (z.B. Moränen), noch besonders erosionsempfindliche geologische Formationen (wie z.B. Flysch und Bünderschiefer) vorhanden. Auch aus diesem Grunde glaubt daher der Arbeitskreis, daß im Rahmen des seinen Überlegungen zugrunde liegenden Zeithorizontes keine dramatische Vergrößerung der Erosion und der damit verbundenen Geschiebefracht der Schwarzwaldbäche zu erwarten ist. Voraussetzung ist allerdings, daß die aufkommende Ersatzvegetation nach Möglichkeit geschützt und gefördert wird. Durch zurückhaltenden Aushieb der erkrankten Bäume und die möglichst lange Vermeidung von größeren Kahlflächen, eventuell auch das Belassen abgestorbener Einzelbäume und Bestände, kann dies erleichtert werden. Sollte allerdings die Walderkrankung in Zukunft sich sehr stark beschleunigen oder sollte durch die Luftverunreinigungen in erhöhtem Maße auch die übrige Vegetation in Mitleidenschaft gezogen werden, könnten sich die Verhältnisse rasch ändern.

Im Gegensatz zur Oberflächenerosion kann eine Strauch-und Gebüschvegetation oder eine Gras- und Krautflora Schneerutsche, Lawinen und Steinschlag nicht verhindern. In dieser Beziehung ist der Baumbestand unersetzlich. Großflächiges Absterben von Waldbeständen an den Steilhängen des Schwarzwaldes würde in den oberen und mittleren Lagen die Gefährdung von Straßen und Gebäuden durch Schneerutsche und Lawinen wesentlich vergrößern. Katastrophale Lawinenereignisse sind auch aus dem Schwarzwald überliefert aus Zeiten, wo die landwirtschaftliche Nutzung auf Kosten des Waldes auch an ausgesprochenen Steilhängen ausgedehnt wurde.

Nicht unbeachtet bleiben darf die Frage des Wildbestandes. Durch die Auflichtung und das Absterben von Waldbeständen und die sich einstellende Ersatzvegetation werden zunächst die Lebens- und Ernährungsbedingungen des Wildes verbessert. Gleichzeitig wird aber auch die Jagd erschwert. Es besteht daher die Gefahr, daß die Schalenwildbestände (Reh-, Rot- und Gamswild) sehr stark zunehmen, was zur Folge haben müßte, daß sowohl die Entwicklung der entscheidend wichtigen Ersatzvegetation als auch die Wiederverjüngung des Waldes auf die Dauer in Frage gestellt sein würden. Es müssen daher rechtzeitig die nötigen Maßnahmen getroffen werden, um den Wildbestand unter Kontrolle zu halten und die genannten Wildarten erforderlichenfalls zumindest vorübergehend drastisch zu reduzieren.

Die Gefährdungen durch Hochwasser, Erosion, Schneerutschungen und Steinschlag hängen sehr stark von den konkreten lokalen Verhältnissen ab und müssen daher an Ort und Stelle beurteilt werden. Für einige Gebiete in den Alpen wurden in den letzten Jahren spezielle Gefahrenkarten erstellt und zum Teil auch publiziert. Sofern sie auf verantwortungsbewußte Weise erarbeitet wurden und nicht nur der Sensation dienen, erfüllen sie ohne Zweifel eine wichtig Aufgabe und können und müssen als Planungsgrundlagen benützt werden. Der Arbeitskreis war aus zeitlichen und personellen Gründen nicht in der Lage, derartige Karten zu erstellen. Er glaubt aber, daß dies eine wichtige Aufgabe der zuständigen regionalen Planungsorganisationen sei und daß es sich lohnen würde, mindestens für kritische Bereiche solche Karten zu erarbeiten.

4.2.2 Landschaftsbild und Erholungseignung

Das Landschaftsbild des Schwarzwaldes wird neben der Morphologie des Geländes vor allem durch den Wald bzw. den Wechsel von Wald und offenem Gelände bestimmt. Veränderungen des Waldes führen daher zwangsläufig auch zu wesentlichen Veränderungen des Landschaftsbildes. Insofern hat die Walderkrankung auch eine immense Bedeutung für die ganze Landschaft im Schwarzwald. Großflächiges Absterben des Waldes, ausgedehnte Kahlflächen oder stehengebliebene, abgestorbene Bäume würden das gewohnte und vielen vertraute Bild des Schwarzwaldes wesentlich verändern. Wie in Abschnitt 3.4. gezeigt wurde, erreichen die entstehenden Kahlflächen beim mittleren Szenario bis zum Jahre 1995 etwa 12 % der gesamten Waldfläche im Schwarzwald, beim pessimistischen Szenario gar 27%. Ungefähr die doppelte Fläche der Kahlschläge würde zudem auf stark verlichtete, verfärbte und absterbende Bestände entfallen.

Landschaftsbilder werden durchaus subjektiv empfunden. Emotionale Faktoren spielen oft eine entscheidende Rolle. Die gleiche Landschaftsveränderung kann vom einen positiv, vom anderen dagegen als sehr negativ empfunden werden. Eine nicht unwesentliche Bedeutung haben auch Stereotype, also Vorstellungen eines Landschaftsbildes, wie es sich aus zufälligen Erinnerungen oder aus Bildern von Prospekten, Postkarten oder Fernsehserien ergibt. Viele Landschaftsveränderungen wiederum spielen sich so langsam und kontinuierlich ab, daß sie von einer Großzahl von Menschen gar nicht registriert und als solche empfunden werden. Andere mögen das gewohnte oder erwartete Bild dagegen sehr vermissen. Wieder anderen sind Landschaftsveränderungen gleichgültig, vor allem dann, wenn für sie die Landschaft mehr oder weniger die Rolle eines Versatzstückes oder einer Kulisse für irgendwelche Aktivitäten bildet. Aus allen diesen Gründen ist es außerordentlich schwierig, zu beurteilen, wie weit Veränderungen des Landschaftsbildes irgendwelche konkrete Konsequenzen für das Empfinden und Verhalten für die überwiegende Mehrzahl sowohl der einheimischen Bevölkerung als auch der Touristen und Erholungssuchenden hat.

Die Frage der menschlichen Reaktion auf Landschaftsveränderungen ist gerade im Hinblick auf die Auswirkungen der Walderkrankung auf den Fremdenverkehr von ausschlaggebender Bedeutung. Wie aus der Darstellung der natürlichen und wirtschaftlichen Verhältnisse des Untersuchungsraumes Südlicher Oberrhein schon hervorging, spielt der Fremdenverkehr vor allem in der Teilregion Schwarzwald eine eminente Rolle und stellt für viele Gemeinden den wirtschaftlichen Rückhalt dar. Aus diesem Grunde hat sich der Arbeitskreis besonders intensiv mit dem Fremdenverkehr und seiner möglichen Beeinträchtigung durch die Folgen der Walderkrankung befaßt und darüber eine Teilstudie durch H. Hautau zusammen mit K.H. Hoffmann erstellen lassen, die ebenfalls in den Beiträgen der Akademie für Raumforschung und Landesplanung veröffentlicht wird und auf die hier ausdrücklich verwiesen sei.

Auf Grund dieser Untersuchung besteht kein Zweifel daran, daß der Fremdenverkehr im Schwarzwald in ganz besonders hohem Maße landschaftsbezogen ist, viel stärker als z.B. an den Stränden des Mittelmeeres oder der Nordsee. Der Prozentsatz der Besucher, der bewußt ein bestimmtes Landschaftserlebnis sucht oder erwartet, wird daher empfindlicher auf Beeinträchtigungen oder Veränderungen des Landschaftsbildes reagieren als der am Landschaftserlebnis weniger interessierte Mitbürger. In diesem Sinne ist es sicher richtig, zu sagen, daß die Landschaft die materielle Grundlage für den Fremdenverkehr im Schwarzwald darstellt. Andere Gegenden mögen für den alpinen Skilauf wesentlich bessere und vielseitigere Möglichkeiten bieten, beim Wassersport Konkurrenzvorteile haben oder von wärmerem Klima und Garantie für Sonnenschein begünstigt sein; der Konkurrenzvorteil des Schwarzwaldes liegt in seiner Landschaft und der Möglichkeit, die Landschaft, und damit auch den Wald, als Wanderer, Spaziergänger oder beschaulicher Betrachter zu erleben. Den Sonnenanbeter an der Adriaküste oder auch den Urlauber an der Ostsee scheinen die oft brutalen Landschaftsveränderungen und -verunstaltungen sehr viel weniger zu beschäftigen, da er im Urlaub offensichtlich etwas anderes als Landschaft sucht. Die Frage des Verhältnisses Landschaft/Fremdenverkehr verdient daher gerade im Schwarzwald besondere Aufmerksamkeit und es ist verständlich, daß im Zusammenhang mit dem Waldsterben immer wieder gefragt wird, welche Auswirkungen auf den Fremdenverkehr zu erwarten seien.

Nun sind aber objektive Antworten auf diese Fragen ganz besonders schwierig zu geben; einmal deswegen, weil die Reaktionen des Touristen ohne Zweifel stark emotional bestimmt sind und sich z.T. rationaler Bewertung entziehen, zum anderen aber auch deswegen, weil sich gerade im Fremden- und Erholungsverkehr Präferenzen und Moden sehr rasch verändern und plötzlich ganz neue Verhaltensmuster auftreten. Man braucht sich nur die Entwicklung der letzten 20 Jahre zu vergegenwärtigen, beim Wintersport z.B. das Aufkommen des Langlaufes als Konkurrenz zur alpinen Abfahrt auf autobahnähnlichen Pisten und als Reaktion darauf die Mode des Varianten- und Tiefschneefahrens, die Bedeutung, die das Surfen in wenigen Jahren erhalten hat und viele andere ähnliche Erscheinungen.

Es fiel daher dem Arbeitskreis ebenso schwer, Voraussagen über die Reaktion des Fremdenverkehrs auf die Walderkrankung wie Voraussagen über die zukünftige Entwicklung der Waldschäden zu machen. Lassen sich überhaupt aus dem gegenwärtigen Zustand und den gegenwärtigen Präferenzen Folgerungen für eine veränderte Zukunft ziehen? Dabei ist zu bedenken, daß nicht nur Veränderungen im Schwarzwald eine Rolle spielen können. Verschiedene Sport- und Erholungsarten stehen in einer gewissen Konkurrenz zueinander und letzten Endes wird sich der Besucher auf Grund der Abschätzung der komparativen Vor- und Nachteile verschiedener Urlaubsmöglichkeiten für eine bestimmte Gegend entscheiden. Dabei spielen nur zum Teil finanzielle Gesichtspunkte eine Rolle. Es ist z.B. durchaus denkbar, daß bei weiterer rücksichtsloser Verbauung der Mittelmeerküsten, zunehmender Verschmutzung von Mittelmeer und Nordsee, wachsender politischer und physischer Unsicherheit in gegenwärtig beliebten Urlaubsgebieten der Dritten Welt auch ein durch Waldschäden verunstalteter Schwarzwald für viele Besucher plötzlich wieder eine erwägenswerte Alternative darstellen könnte. Ebenso ist es denkbar, daß sich das Verhaltensmuster des heutigen Schwarzwaldbesuchers in wenigen Jahren so verändert, daß er ganz andere Erholungsziele und Sportarten bevorzugt.

Man hat verschiedentlich versucht, mit Hilfe von Umfrageergebnissen die Reaktion der späteren Besucher auf Veränderungen des Landschaftsbildes zu ermitteln. Mit den raffiniertesten Fragebögen und der ausgefeiltesten Interviewtechnik kommt man aber nicht am grundsätzlich unlösbaren Problem vorbei, eine hypothetische Reaktion des Befragten auf eine ebenso hypothetische Situation der Landschaft zu erfragen. Der Befragte ist auch bei Vorlage von Fotomontagen und anderen Hilfsmitteln nicht in der Lage, die veränderte Landschaft im vollen Umfang und als Komplex zu erfassen, und er ist außerdem überfordert, wenn er jetzt und in einer ganz bestimmten Situation voraussagen sollte, wie er in einigen Jahren auf eine neue und ihm nicht genügend bekannte Situation reagieren würde. Der Arbeitskreis war daher der Auffassung, daß es außerordentlich gewagt ist, aufgrund heutiger Umfrageergebnisse auf die zukünftige Reaktion der potentiellen Besucher zu schließen.

Der Arbeitskreis schließt keineswegs aus, daß die Landschaftsveränderungen durch die Waldschäden, oder vielleicht noch mehr die Berichte über solche Schäden, einen negativen Einfluß auf den Fremdenverkehr haben können. Er ist sich bewußt, daß schwer wägbare psychologische Faktoren dabei eine wesentliche Rolle spielen. Ein sehr interessantes Phänomen stellt in diesem Zusammenhang der sogenannte "Schwarzwaldklinik-Effekt" dar. Die Touristikmanager sind davon überzeugt, daß der 10 %ige Besucherzuwachs von 1985 auf 1986 nach einigen Jahren der Stagnation oder sogar des Rückgangs auf die Wirkung der populären Fernsehreihe der Schwarzwaldklinik zurückzuführen ist. Zu beweisen ist diese Annahme natürlich nicht. Sollte sie zutreffen, so gibt sie den besten Beweis für die Tatsache, wie emotional Reiseziele gewählt werden. Dies muß gerade im Hinblick auf mögliche Landschaftsveränderungen durch die Walderkrankung sehr zu denken geben. Wenn ein paar schöne Fernsehbilder eines malerischen Schwarzwaldidylls einen Zuwachs von 10 % verursachen können, so ist es ebenso leicht möglich, daß einige wahrheitsgetreue oder übertriebene negative Sendungen über die Veränderung des Schwarzwaldes einen ebenso großen oder noch größeren negativen Effekt haben könnten.

In diesem Zusammenhang zeigt sich auch das Dilemma, in dem sich viele Kommunalpolitiker im Schwarzwald befinden, und das in den letzten Jahren verschiedentlich zu Irritationen geführt hat. Auf der einen Seite ist man sich einig, daß Politik und Bevölkerung für das Problem der Walderkrankung sensibilisiert werden müssen und daß dazu eine nüchterne und klare Darstellung der Gefährdung des Waldes und deren Folgen nötig ist. Auf der anderen Seite fürchtete man negative Auswirkungen auf den Fremdenverkehr durch eine Darstellung der Tatsachen und glaubte daher, die Situation beschönigen zu müssen.

Natürlich werden die Veränderungen des Landschaftsbildes von der Art des Fortschreitens der Walderkrankung bestimmt. Aufgrund der bisherigen Erfahrungen ist anzunehmen, daß vorwiegend Altbestände, und wiederum solche in exponierten Lagen, zuerst stark verlichten und dann möglicherweise ganz absterben. Es sind das oft Standorte, die visuell besonders markant sind und auf weite Distanzen gesehen werden. Schon relativ kleine Schadflächen können daher beträchtliche Auswirkungen auf das Landschaftsbild haben. In ebenem oder flach gewelltem Gelände fallen dagegen auch größere Kahlflächen viel weniger auf.

Bei der optimistischen Variante unserer Szenarien über den weiteren Krankheitsverlauf dürften die Auswirkungen auf das Landschaftsbild noch bescheiden sein und dem Unkundigen kaum auffallen. Bei der mittleren und der pessimistischen Variante könnte innerhalb des Zeithorizontes 1995 etwa ein vergleichbarer Zustand eintreten, wie er 1946/48 als Folge der Borkenkäferkatastrophe und der Reparations- und Exporthiebe entstand. Darüber existieren Bilddokumente, und es wäre reizvoll, diese einmal unter dem Gesichtspunkt der Walderkrankung zu sammeln und zu sichten und auch der Öffentlichkeit als Hinweis auf mögliche Entwicklungen zugänglich zu machen. Dabei würde auch deutlich, daß sich die Beeinträchtigung der Erholungslandschaft nicht nur auf das Visuelle, das Verschwinden des Waldes beschränkt, sondern die zusätzlichen Arbeiten des Fällens und Abtransportierens des Holzes und die dafür aus Sicherheitsgründen notwendige Sperrung von Waldwegen und ganzen Waldteilen sowie der durch die Fällungs- und Transportarbeiten entstehende Lärm und Schmutz den Erholungs- und Touristenverkehr mindestens ebenso stark tangieren würde.

Bei großflächigem Absterben der Altbestände würde sicherlich auch der "bioklimatische Rahmen" für die Erholung nachteilig verändert, sei es je nach Jahreszeit durch zunehmende Kälte- und Windeinflüsse oder durch Hitze und starke Strahlung. Nicht umsonst verlangen die Richtlinien des Fremdenverkehrsverbandes für die Prädikatisierung von Kurorten das Vorhandensein "ausgedehnter Wald- und Parkanlagen".

4.3 Wirtschaftliche Auswirkungen

4.3.1 Allgemeines

Wie bereits in Abschnitt 1.2 dargestellt, sah der Arbeitskreis eine seiner Hauptaufgaben darin, zu versuchen, die vielgestaltigen wechselseitigen Auswirkungen der Walderkrankung in ihrer Gesamtheit zu erfassen. Dies galt insbesondere auch für die wirtschaftlichen Auswirkungen in Form von Produktionseffekten, Beschäftigungseffekten, Einkommenseffekten und Vermögenseffekten. Dazu erschien es notwendig, zuerst einmal die Folgen der Walderkrankung in den einzelnen direkt betroffenen Sektoren zu analysieren und abzuschätzen. Auch hier wurde innerhalb des Arbeitskreises eine Arbeitsteilung vorgenommen, indem Mitglieder des Arbeitskreises und Gäste einzeln oder in kleinen Gruppen zunächst sich mit einzelnen Sektoren befaßten und die nötigen Erhebungen und Berechnungen durchführten. Darüber berichteten sie regelmäßig dem Arbeitskreis, der auftretende Fragen und methodische Probleme gemeinsam diskutierte und auf diese Weise versuchte, die Koordination zwischen den Einzeluntersuchungen sicherzustellen. So behandelten H. Brandl und H. Burgbacher die wirtschaftlichen Auswirkungen auf die bäuerlichen und öffentlichen Waldeigentümer; H. Hautau und U. Lorenz die regionalökonomische Bedeutung der Forst- und Holzwirtschaft und H. Hautau zusammen mit K.H. Hoffmann die regionalökonomische Bedeutung der Fremdenverkehrswirtschaft. Die entsprechenden Berichte sollen vollständig in den Beiträgen der ARL veröffentlicht werden.

Die Verflechtung der einzelnen Wirtschaftszweige und damit die Auswirkungen der waldschadensbedingten Einflüsse auf vor- und nachgelagerte Wirtschaftszweige ließen sich am besten mit Hilfe von sogenannten Input-Output-Tabellen errechnen. Solche bestehen für ganze Volkswirtschaften, jedoch nur vereinzelt für größere Teilregionen, z.B. einzelne Bundesländer. Diese Unterlagen genügen aber nicht, um gerade die den Arbeitskreis besonders interessierenden Fragen der Auswirkungen in kleineren Planungsregionen zu erfassen.

Der Arbeitskreis versuchte daher zunächst, eine regionale Input-Output-Analyse für das Untersuchungsgebiet Südlicher Oberrhein zu erstellen. Trotz bereitwilliger Unterstützung durch das Statistische Landesamt Baden-Württemberg und des erfreulich guten Echos, das dieser Versuch bei der regionalen Wirtschaft, vor allem auch bei deren Verbänden fand, zeigte es sich aber, daß das Ziel nicht zu erreichen war. Die offiziellen statistischen Unterlagen sind für diesen Zweck nicht genügend differenziert. Der Versuch, durch direkte Erhebungen bei Firmen ausreichendes Material zu erhalten, scheiterte nicht an der grundsätzlichen Bereitschaft der Unternehmungen, mitzumachen, sondern vielmehr an der Tatsache, daß auch die firmeninternen Aufzeichnungen in den meisten Fällen nicht genügen, um im einzelnen nachzuweisen, aus welchen Kleinregionen Waren und Dienstleistungen bezogen und in welche Regionen Produkte und Dienstleistungen geliefert wurden.

Hier zeigten sich deutliche Grenzen einer Feinanalyse der Wirtschaftsverflechtungen innerhalb regionaler Planungseinheiten, wie sie in Baden-Württemberg die Regionalverbände darstellen. Es ist anzunehmen, daß in anderen Bundesländern ähnliche Schwierigkeiten auftreten. Der Arbeitskreis zieht daraus den Schluß, daß es trotz der hohen Bedeutung solcher Unterlagen für die Beantwortung der gestellten Fragen auch in anderen Regionen kaum möglich sein dürfte, auf diesem Wege zu befriedigenden Resultaten zu kommen.

4.3.2 Auswirkungen auf die Waldeigentümer

4.3.2.1 Art und Umfang der Mindererträge und Mehraufwände

Wirtschaftlich werden in erster Linie die privaten und öffentlichen Waldeigentümer von den Auswirkungen der Waldschäden betroffen. Diese wirtschaftlichen Schäden sind nicht immer leicht zu erfassen. Ein Teil der Auswirkungen der Walderkrankung schlägt sich sofort in verminderten Erträgen und höheren Aufwendungen nieder, ein anderer Teil wirkt sich oft erst nach Jahren und Jahrzehnten aus.

Die sofort wirksamen Folgen der Walderkrankung ergeben sich aus Einnahmenausfällen und vermehrten Aufwendungen. Beträchtliche Einnahmenausfälle sind z.B. bereits heute dadurch entstanden, daß die Zierreisigproduktion von Weißtannen, die gerade in den bäuerlichen Forstbetrieben im Schwarzwald eine ziemliche Bedeutung hatte, ausfiel, weil die weitgehend entnadelten Weißtannenäste den Ansprüchen der Käufer nicht mehr genügen.

Mehraufwendungen entstehen schon heute beim Holzeinschlag, bei den Kulturen, beim Forstschutz und für Düngungs- und Meliorationsmaßnahmen. Erhöhte Holzeinschlagskosten entstehen vor allem dadurch, daß die erkrankten Bäume oft mehr oder weniger über die ganze Betriebsfläche zerstreut stehen und daß diese Bäume laufend eingeschlagen werden müssen, bevor das Holz durch Pilze und Insekten entwertet wird. Das zwingt zu verzettelten Hieben mit nur geringen Anfällen pro ha und entsprechen höheren Aufarbeitungs- und vor allem auch Transportkosten, um das Holz verladegerecht in größeren Verkaufspartien zu lagern.

Die Mehraufwände im Bereich der Kulturen ergeben sich einmal aus dem erhöhten Anteil von Verjüngungsflächen in den geschädigten Beständen, aus der Notwendigkeit, unter dem Zeitdruck auf die langsamere und billigere Naturverjüngung zu verzichten und statt dessen zu pflanzen, und schließlich auch aus der Notwendigkeit, geschädigte und sich auflösende Bestände frühzeitig und großflächig zu unterbauen, um rechtzeitig für das Entstehen einer Ersatzvegetation zu sorgen, die den Schutz des Bodens übernehmen kann, wenn sich der geschädigte Bestand ganz auflöst und abgetrieben werden muß.

Beim Forstschutz treten Mehraufwände auf, weil die geschädigten Bestände stärker durch Insekten, vor allem Borkenkäfer, gefährdet sind und vermehrte Vorbeugungsmaßnahmen nötig werden durch den notwendigen vorbeugenden Schutz von im Frühjahr und Sommer gefälltem Kalamitätsholz gegen wertvermindernde Insekten und Pilze bei der Lagerung im Walde sowie vor allem auch wegen der notwendigen Maßnahmen gegen Wildschäden auf den größeren Verjüngungsflächen und insbesondere auch bei den Unterbauten.

In vielen Fällen ist die Walderkrankung gekoppelt mit einer deutlichen Bodenversauerung und mit bestimmten Nährstoff-Mangelerscheinungen. Bis zu einem gewissen Grade ist es möglich, durch gezielte Düngungsmaßnahmen der weiteren Versauerung und dem Nährstoffmangel entgegenzuwirken und bis zu einem gewissen Grade eine Revitalisierung und höhere Widerstandsfähigkeit der Bäume gegenüber schädlichen Einwirkungen zu erreichen. Solche Meliorations- und Düngungsmaßnahmen verursachen erhebliche Kosten für den Waldeigentümer.

Bisher schwer zu erfassen ist der Einfluß der Walderkrankung auf den Holzerlös. Holz, das rechtzeitig, das heißt, vor dem vollständigen Absterben des Baumes, geerntet wird, ist im Gebrauchswert nicht verschieden vom Holz gesunder Bäume, wie übereinstimmende wissenschaftliche Untersuchungen eindeutig ergeben haben. Dennoch sind Holzkäufer geneigt, für Schadholz geringere Preise zu offerieren als für Holz aus gesunden Beständen. Dazu kommt, daß der Waldbesitzer unter Zugzwang steht. Er ist gezwungen, die abgehenden Bäume rechtzeitig zu nutzen und das eingeschlagene Schadholz zu verkaufen, koste es, was es wolle. Bei gesunden Beständen dagegen kann er den Holzeinschlag vom Markt abhängig machen und sein Holz nur dann und soweit ernten, als er dafür eine Absatzmöglichkeit mit ausreichenden Preisen hat. Da der zerstreute Anfall von Schadholz auch dem Käufer Mehrkosten verursacht gegenüber konzentrierten Normalhieben, wird dieser versuchen, seine Mehrkosten durch einen tieferen Holzpreis auf den Waldeigentümer abzuwälzen.

Bisher ist es weitgehend gelungen, den erhöhten Anfall an Waldschadensholz durch verminderte Einschläge von gesunden Bäumen zu kompensieren und damit das Gesamtangebot stabil zu erhalten und schwerwiegende Marktstörungen durch ein Überangebot an Holz zu vermeiden. Wie die im Abschnitt 3.4 dargestellten Ergebnisse der Szenarien zeigen, ist schon beim mittleren und vor allem beim pessimistischen unserer Szenarien mit stark erhöhten Holzanfällen zu rechnen, die mit großer Wahrscheinlichkeit zu Marktstörungen und Preisrückgängen führen müßten, was für die Waldeigentümer weitere bedeutende Einnahmenverluste zur Folge hätte.

Angesichts der langen Produktionszeiträume der Forstwirtschaft, die oft ein Jahrhundert übersteigen, sind natürlich neben den leichter zu erfassenden Mindererträgen und Mehraufwänden die langfristigen Verluste von großer Bedeutung. Für die Forstwirtschaft ist es charakteristisch, daß Produkt und Produktionsmittel identisch sind. Das jährlich produzierte Holz lagert sich im Wald als dünne Mantelfläche um alle Stämme und Zweige des Bestandes an. Eine Trennung des Produktionsmittels, des lebenden Baumes, vom Produkt, dem jährlichen Holzzuwachs, ist nicht möglich. Das Produkt kann nur dadurch geerntet werden, daß ganze Bäume gefällt werden, die dann aber auch als Produktionsmittel ausfallen.

Ein wichtiger Grundsatz der Forstwirtschaft ist die sogenannte Nachhaltigkeit. Auf die Holzproduktion bezogen bedeutet sie, daß in einer bestimmten Periode nicht mehr Holz eingeschlagen werden darf als in der gleichen Periode auch zugewachsen ist. Sinkt der Zuwachs über eine längere Zeit ab, wird deshalb davon auch der zukünftige Holzeinschlag beeinflußt und muß im gleichen Ausmaß zurückgehen. Aus der Identität von Produkt und Produktionsmittel ergibt sich auch, daß die Messung des jährlichen Zuwachses keineswegs einfach ist und beträchtliche methodische Probleme in sich birgt. Erschwert wird die Situation dadurch, daß in ein und demselben Bestand der Zuwachs von Jahr zu Jahr als Folge der jeweiligen Witterungsverhältnisse beträchtlichen Schwankungen unterliegen kann. Deshalb ist es auch nur sinnvoll, den geleisteten Zuwachs über längere Perioden und nicht für einzelne Jahre oder Perioden von weniger als etwa zehn Jahren zu bestimmen, um größere Meßfehler zu vermeiden.

Kranke und geschwächte Bäume haben einen geringeren Massenzuwachs als gesunde, vitale Bäume unter den gleichen Wuchsbedingungen. Wie weit allerdings vom Aussehen eines Baumes (Nadelverlust, Nadelverfärbungen etc.) direkt auf eine Zuwachsverminderung geschlossen werden kann, ist heute noch nicht voll befriedigend beantwortet und möglicherweise auch bei verschiedenen Baumarten und Krankheitsbildern durchaus verschieden. Es ist daher keineswegs einfach, eine straffe Beziehung zwischen Schadstufen der Waldschadensinventuren und Zuwachsverlusten herzustellen.

Die Feststellung des durch die Walderkrankung bewirkten Zuwachsverlustes ist aber auch dadurch erschwert, daß wir erst über verhältnismäßig kurze Referenzperioden verfügen, die zudem durch teilweise ungewöhnliche Witterungskonstellationen gekennzeichnet sind. Als Drittes kommt dazu, daß gewisse Luftverunreinigungen und auf sie zurückgehende Depositionen auch düngende und zuwachssteigernde Wirkungen haben können (z.B. Stickstoff-Eintrag aus der Luft). Diese Auswirkungen hängen aber auch wieder stark von den standörtlichen Gegebenheiten ab; die gleiche Menge kann unter standörtlich verschiedenen Verhältnissen durchaus unterschiedliche Wirkungen haben, und eine Überdüngung kann u.U. Gesundheitszustand und Wachstum eines Baumes ebenso negativ beeinflussen wie ein Nährstoffmangel.

Trotz dieser Probleme und inhärenten Schwierigkeiten ergeben die vielen diesbezüglichen Untersuchungen in den letzten Jahren ausreichende Hinweise auf bereits eingetretene und weiterhin zu erwartende Zuwachsverluste, die mindestens eine überschlagsmäßige und vorläufige Bezifferung der dadurch bewirkten wirtschaftlichen Schäden erlauben (Burgbacher 1987). Dabei ist zu unterscheiden zwischen den bis zum jetzigen Zeitpunkt bereits aufgelaufenen Vermögensverlusten und jenen, die in weiterer Zukunft zu erwarten sind.

Zuwachsverluste sind zunächst Vermögensverluste, die sich in Zukunft durch geringere Nutzungen bemerkbar machen werden und dann zu Einnahmenausfällen führen. Gleichzeitig ergibt sich aber auch eine Wertverminderung des Holzvorratskapitals, dessen Produktivität absinkt, was streng genommen eine Wertberichtigung des Anlagekapitals verlangt. Da in der Regel in der Forstwirtschaft keine vollständigen Bilanzen unter Einbezug des Holzvorratkapitals erstellt werden, bleibt dieser Effekt in der Regel verborgen.

Ein weiterer wirtschaftlicher Schaden für die Waldeigentümer resultiert aus der sogenannten "Hiebsunreife". Ältere Bäume mit stärkeren Stammdimensionen erzielen in der Regel einen höheren Preis pro m^3 als jüngere und schwächere Bäume, und auch der prozentuale Anteil wertvoller Sortimente ist bei älteren Bäumen höher als bei jüngeren Bäumen. Auf Grund des sogenannten "Stück-Massegesetzes" sind außerdem die Ernte- und Aufarbeitungskosten pro m^3 bei stärkeren Bäumen wesentlich geringer als bei jungen und dünnen Bäumen. Die Forstwirtschaft strebt daher danach, die Bäume dann zu fällen, wenn sie den höchsten erntekostenfreien Erlös bringen. Die Walderkrankung führt nun dazu, daß in vielen Fällen Bäume eingeschlagen werden müssen, die ihren maximalen Wert noch nicht erreicht haben. Daraus resultiert ein Verlust für den Waldeigentümer, der durchaus ins Gewicht fallen kann.

Aus den sehr eingehenden und umsichtigen Untersuchungen von Burgbacher ergeben sich für den Bauernwald einerseits und den großen Privatwald und öffentlichen Wald andererseits folgende bis 1986 bereits aufgelaufene Schäden:

Wie aus den Tabellen 6 und 7 hervorgeht, erreicht in der Region Südlicher Oberrhein der bis 1986 aufgelaufene Schaden im Bauernwald rund 102 Mio. DM und im öffentlichen und großen Privatwald rund 168 Mio. DM. Die Schäden pro Jahr und ha sind im Bauernwald etwas geringer als im öffentlichen Wald, was auf die unterschiedliche Bestands- und Kostenstruktur zurückzuführen ist. Am meisten

Tab. 6: Gesamtschaden bis 1986 im Bauernwald

	aufgelaufener Schaden auf Fi/Ta-Fläche		Schaden je Jahr und ha	
	je ha DM	gesamt Mio. DM	Fi/Ta-Fläche DM	Gesamtfläche DM
Zuwachsverlust	664	26,3	83	55
Hiebsunreife	80	3,3	16	10
Mehraufwand				
- Holzernte	10	0,6	2	2
- Kulturen	125	7,5	25	25
- Forstschutz	20	1,2	5	5
- Melioration	1050	63,2	35	35
Insgesamt	1949	102,0	166	132

Quelle: Burgbacher 1987.

Tab. 7: Gesamtschaden bis 1986 im öffentlichen und großen Privatwald

	aufgelaufener Schaden auf Fi/Ta-Fläche		Schaden je Jahr und ha	
	je ha DM	gesamt Mio. DM	Fi/Ta-Fläche DM	Gesamtfläche DM
Zuwachsverlust	945	52,7	118	58
Hiebsunreife	100	5,6	20	10
Mehraufwand				
- Holzernte	5	0,5	1	1
- Kulturen	125	14,2	25	25
- Forstschutz	20	2,3	5	5
- Melioration	1050	92,4	35	35
Insgesamt	2245	167,7	204	134

Quelle: Burgbacher 1987.

ins Gewicht fällt der Zuwachsverlust, der im Bauernwald rund 83 DM pro Jahr und ha, im öffentlichen und großen Privatwald sogar 118 DM pro Jahr und ha ausmacht. Die waldschadensbedingten Kosten für Meliorations- und Düngemaßnahmen liegen in beiden Fällen bei 35 DM pro ha und Jahr. Der drittwichtigste Posten sind die zusätzlichen Kulturkosten mit 25 DM pro Jahr und ha, gefolgt von den Schäden durch Hiebsunreife.

Auf Grund der drei Szenarien über die mögliche weitere Entwicklung der Waldschäden sind auch Schätzungen über die zukünftigen Schäden bis zum Jahre 1995 möglich. Für den Bauernwald sind sie in der nachfolgenden Tabelle 8 getrennt für die verschiedenen Szenarien-Varianten angegeben.

Tab. 8: Schätzung der zu erwartenden Schäden im Bauernwald Periode 1986-1995

optimistische Variante

	aufgelaufen 1986/95 Mio. DM	Schaden pro Jahr und ha Gesamtwald DM	Fi/Ta-fläche DM
Zuwachsverlust	6,5	11	16
Hiebsunreife	4,8	8	11
Zuwachsverlust durch verminderten Bestockungsgrad	2,4	4	6
Mehraufwand			
- Holzernte	1,6	3	3
- Kulturen	-	-	-
- Forstschutz	1,8	3	3
- Melioration	10,2	17	17
Insgesamt	27,2	46	65

mittlere Variante

	aufgelaufen 1986/95 Mio. DM	Schaden pro Jahr und ha Gesamtwald DM	Fi/Ta-fläche DM
Zuwachsverlust	76,4	128	195
Hiebsunreife	18,0	30	42
Zuwachsverlust durch verminderten Bestockungsgrad	8,8	17	22
Mehraufwand			
- Holzernte	5,6	9	9
- Kulturen	31,1	52	79
- Forstschutz	3,0	5	5
- Melioration	10,2	17	17
Insgesamt	153,4	258	369

Tab. 8 (Forts.)

pessimistische Variante

	aufgelaufen 1986/95 Mio. DM	Schaden pro Jahr und ha Gesamtwald DM	Fi/Ta-fläche DM
Zuwachsverlust	96,5	160	245
Hiebsunreife	37,3	62	84
Zuwachsverlust durch verminderten Bestockungsgrad	18,3	30	47
Mehraufwand			
- Holzernte	12,1	20	20
- Kulturen	81,9	136	208
- Forstschutz	6,0	10	10
- Melioration	10,2	17	17
Insgesamt	262,4	435	631
Mindereinnahmen durch Preiszerfall	284,0	315	
Total	546,4	750	

Quelle: Burgbacher 1987.

Aus den Tabellen 8 und 9 geht deutlich hervor, daß je nach Szenarien-Variante die weiter zu erwartenden Schäden verschieden, in ihrer Summe aber doch sehr groß sind. Für den gesamten Wald der Region Südlicher Oberrhein, also Bauernwald, übriger Kleinprivatwald, großer Privatwald und öffentlicher Wald zusammen ist bei der optimistischen Variante in der Periode 1986-1995 mit einem gesamten Schaden von 112 Mio. DM, bei der mittleren Variante mit 474 Mio. DM und bei der pessimistischen Variante sogar mit 1,7 Milliarden DM zu rechnen. Dabei wurde bei den beiden ersten Varianten angenommen, daß die Holzpreise durch den Schadholzanfall nicht beeinflußt werden. Nur bei der pessimistischen Variante wurde angenommen, daß die Holzpreise um durchschnittlich 30 % zurückgehen werden, was als vorsichtige Schätzung zu betrachten ist. Pro ha und Jahr beträgt der gesamte Schaden bei der optimistischen Variante 60 DM, bei der mittleren Variante 225 DM und bei der pessimistischen Variante 737 DM pro ha gesamte Waldfläche bzw. 91 DM, 420 DM und 1016 DM pro ha Fi/Ta-Fläche.

Tab. 9: Schätzung der zu erwartenden Schäden im öffentlichen und großen Privatwald

optimistische Variante

	aufgelaufen 1986/95 Mio. DM	Schaden pro Jahr und ha Gesamtwald DM	Fi/Ta-fläche DM
Zuwachsverlust	43,2	38	78
Hiebsunreife	9,1	8	15
Zuwachsverlust durch verminderten Bestockungsgrad	4,4	4	8
Mehraufwand			
- Holzernte	4,2	4	4
- Kulturen	-	-	-
- Forstschutz	3,4	3	3
- Melioration	14,5	15	15
Insgesamt	78,5	72	123

mittlere Variante

	aufgelaufen 1986/95 Mio. DM	Schaden pro Jahr und ha Gesamtwald DM	Fi/Ta-fläche DM
Zuwachsverlust	142,7	126	256
Hiebsunreife	37,5	33	63
Zuwachsverlust durch verminderten Bestockungsgrad	17,2	15	31
Mehraufwand			
- Holzernte	16,2	14	14
- Kulturen	57,8	51	79
- Forstschutz	5,7	5	5
- Melioration	14,5	15	15
Insgesamt	291,6	259	463

Tab. 9 (Forts.)

pessimistische Variante

	aufgelaufen 1986/95 Mio. DM	Schaden pro Jahr und ha Gesamtwald DM	Fi/Ta-fläche DM
Zuwachsverlust	175,9	155	316
Hiebsunreife	76,1	67	125
Zuwachsverlust durch verminderten Bestockungsgrad	34,9	31	63
Mehraufwand			
- Holzernte	33,8	30	30
- Kulturen	145,2	128	208
- Forstschutz	11,4	10	10
- Melioration	14,5	15	15
Insgesamt	491,8	436	767
Mindereinnahmen durch Preiszerfall	5600		
Total	1051,8		

Quelle: Burgbacher 1987.

4.3.2.2 Auswirkungen auf die gemischten bäuerlichen Land- und Forstwirtschaftsbetriebe

Wie im Abschnitt 2.2.3.2 dargestellt wurde, spielt der bäuerliche Privatwald als Teil gemischter land- und forstwirtschaftlicher Familienbetriebe gerade in den mittleren und höheren Lagen des Schwarzwaldes eine sehr große Rolle. Ein Drittel der ganzen Waldfläche der Region Südlicher Oberrhein ist im Eigentum von Landwirten.

Die Bedeutung des Waldes für den einzelnen Betrieb ist im wesentlichen abhängig vom Waldanteil an der Gesamtbetriebsfläche sowie von den natürlichen und strukturellen Produktionsgrundlagen im landwirtschaftlichen Betriebsteil. Die Bodennutzungserhebung von 1983 weist für die Region Südlicher Oberrhein insgesamt 21 000 land- und forstwirtschaftliche Betriebe aus. Von diesen besitzen 8228 Betriebe (39 %) Waldflächen von mehr als 0,01 ha.

Von der Walderkrankung stärker betroffen werden nur jene Betriebe, die eine größere Waldfläche besitzen und bei denen das Arbeits- und Geldeinkommen aus dem Walde eine gewisse Bedeutung für das gesamte Familieneinkommen hat. Das dürfte im allgemeinen ab einer Waldfläche von 5 ha der Fall sein. Dementsprechend beschränken sich die nachfolgenden Ausführungen auf diese Betriebe. Wie aus der Tabelle 10 hervorgeht, handelt es sich immerhin um 2613 Betriebe, die insgesamt eine Waldfläche von 54 000 ha bewirtschaften. Sie liegen ausschließlich im mittleren und höheren Schwarzwald, also in der Teilregion, wo auch die Waldschäden am größten sind.

Tab. 10: Gemischte land- und forstwirtschaftliche Betriebe mit mehr als 5 ha Waldfläche in der Region (in der Hand natürlicher Personen)

Größenklasse Wald ha	Zahl der Betriebe	Wald ha	Betriebsfläche Landwirtschaft ha	Total ha
5 - 10	750	5 490	7 699	13 190
10 - 20	862	12 382	11 676	24 058
20 - 50	856	25 980	13 651	39 631
50 - 100	127	8 306	2 077	10 383
üb. 100	18	2 275	431	2 688
Insgesamt	2 613	54 434	35 516	89 950

Quelle: Burgbacher 1987.

Von den rund 60 000 ha Bauernwald stehen demnach 54 000 ha oder 90 % im Eigentum der 2613 Betriebe mit mehr als 5 ha Wald. Diese Betriebe bewirtschaften aber auch 35 500 ha landwirtschaftliche Fläche. Die gesamte nicht bewaldete Fläche der Teilregion Schwarzwald beträgt etwa 84 000 ha. Darin sind alle Siedlungsflächen, Verkehrsanlagen, die nicht landwirtschaftlich genutzten Grünflächen und die Gewässer inbegriffen. Man kann daher annehmen, daß diese 2613 Waldbauernbetriebe mit mehr als 5 ha Wald allein rund die Hälfte des ganzen landwirtschaftlich genutzen Bodens besitzen und damit einen ganz entscheidenden Einfluß auf das Landschaftsbild ausüben. Die ihnen gehörenden 90 000 ha Gesamtbetriebsfläche (Wald und Landwirtschaft zusammen) machen etwa 40 % der Gesamtfläche des Schwarzwaldes aus. Aus diesen Zahlen ergibt sich die Bedeutung, die das Schicksal dieser Waldbauernbetriebe für den ganzen Schwarzwald und vor allem auch seine Landschaft hat.

Auf Grund der Buchführungsergebnisse der Testbetriebe der Forstlichen Versuchsanstalt (FVA) Freiburg hat BURGBACHER die nachfolgenden Roheinkommen nach Betriebsgrößenklassen errechnet (Tabelle 11).

Tab. 11: Roheinkommen der gemischten land- und forstwirtschaftlichen Betriebe aus dem Betriebsteil Wald (Ergebnis der 35 in der Region Südlicher Oberrhein liegenden Testbetriebe des Testbetriebsnetzes Bauernwald der FVA)

Betriebsgröße Wald	1981 DM/ha	1982 DM/ha	1983 DM/ha	1984 DM/ha	⌀ 81-84 DM/ha
5 - 10 ha	370	476	201	790	459
10 - 20 ha	948	1013	800	881	911
20 - 50 ha	596	472	680	709	614
50 - 100 ha	508	365	444	564	470
über 100 ha	508	365	444	564	470
Durchschnitt	543	460	502	663	549

Quelle: Burgbacher 1987.

Diesem Betriebsergebnis des Teilbetriebes Wald steht das Roheinkommen aus dem Betriebsteil Landwirtschaft gegenüber. Nach Angaben des MELUF Baden-Württemberg betrug das mittlere Roheinkommen der landwirtschaftlichen Vergleichsgebiete 5,6 und 7 (vorwiegend Futterbaubetriebe) in den gleichen Jahren im Durchschnitt 1369 DM/ha. Das Roheinkommen aus dem Wald würde demnach ungefähr 40 % des Roheinkommens der Landwirtschaft pro ha Betriebsfläche erreichen.

Von besonderer Bedeutung ist nun aber der Beitrag des Waldes zum gesamten Einkommen der Betriebe. Für die Jahre 1981-1984 errechnete Burgbacher die in Abbildung 16 dargestellten Ergebnisse.

Vom gesamten Roheinkommen aus Land- und Forstwirtschaft entfallen bei den Betrieben mit 5-10 ha Wald nur 19 % auf den Wald. Bei den Betrieben mit mehr als 10 ha Wald trägt dieser je nach Größenklasse zwischen 41 und 65 % zum gesamten Rohertrag bei. Der Wald stellt demnach für die gemischten land- und forstwirtschaftlichen Bauernbetriebe im Schwarzwald eine wesentliche Stütze des Betriebes dar. Geringere Walderträge als Folge der Walderkrankungen haben deshalb entscheidenden Einfluß auf die Wirtschaftslage dieser Betriebe, die z.T. schon heute an der Grenze des Existenzminimums sind.

Abb. 16

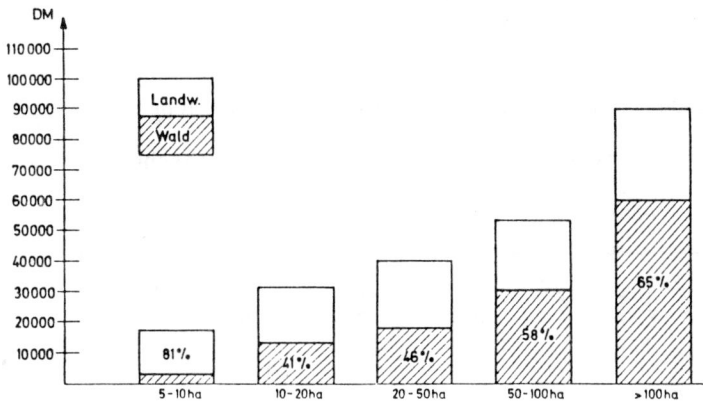

Schon die bis zum Jahre 1986 aufgelaufenen Schäden der Walderkrankung haben zu einer beträchtlichen Verminderung des gesamten Roheinkommen geführt, die je nach Größe des Waldanteils verschieden stark ins Gewicht fällt, wie die Tabelle 12 zeigt.

Tab. 12: Verminderung des jährlichen Roheinkommens durch die bis 1986 aufgelaufenen Waldschäden

Betriebsgrößen- klassen ha	Verminderung pro Betrieb DM/Jahr	in Prozent des Roheinkommens %
5 - 10	1 241	7
10 - 20	2 431	8
20 - 50	5 151	13
50 - 100	11 118	21
über 100	21 448	24
Durchschnitt	3 536	12

Quelle: Burgbacher 1987.

Mit Hilfe der drei Szenarien läßt sich auch abschätzen, wie sich die weitere Entwicklung der Walderkrankung auf das Roheinkommen der Betriebe auswirken könnte. Die von Burgbacher errechneten Werte sind in der Tabelle 13 wiedergegeben.

Tab. 13: Verminderung des gesamten land- und forstwirtschaftlichen Roheinkommens auf Grund der drei Szenarien

Betriebsgrößen- klasse Wald	Reduktion des land-und forstwirtschaftlichen Roheinkommens					
	optimistische V. je Betrieb		mittlere V. je Betrieb		pessimistische V. je Betrieb	
ha	DM/Jahr	%	DM/Jahr	%	DM/Jahr	%
5 - 10	335	2	1 883	11	3 176	18
10 - 20	520	2	2 915	9	4 916	18
20 - 50	1 394	3	7 817	19	13 181	33
50 - 100	3 008	6	16 873	32	28 449	53
über 100	5 814	6	32 612	36	54 084	61
Durchschnitt	957	3	5 366	18	9 048	30

Quelle: Burgbacher 1987.

Bei der optimistischen Variante ist der Rückgang des gesamten Roheinkommens aus Land- und Forstwirtschaft vor allem bei den größeren Betrieben wohl spürbar, aber noch nicht existenzbedrohend. Bereits bei der mittleren Variante ergeben sich jedoch so bedeutende Einkommensverminderungen, daß die Existenz der Betriebe in Frage gestellt wird, sofern nicht das Familieneinkommen durch Tätigkeiten außerhalb der Land- und Forstwirtschaft massiv erhöht werden kann. Für viele Betriebe katastrophal würde die Situation bei der pessimistischen Variante, selbst wenn angenommen wird, daß die Holzpreise trotz des Überangebots konstant bleiben. Bei einer angenommenen Holzpreisverminderung um 30 % würden die Betriebe im Mittel über die Hälfte ihres bisherigen Roheinkommens einbüßen. Bei den waldreichen Betrieben würde das gegenwärtig erwirtschaftete Roheinkommen von den zeit- und zinsneutral berechneten Schäden völlig aufgezehrt und es könnten sogar Roheinkommensdefizite entstehen.

Diese Rückgänge des gesamten Roheinkommens aus Land- und Forstwirtschaft müssen nun aber vor dem Hintergrund der ganzen wirtschaftlichen Situation dieser Schwarzwaldhöfe gesehen werden. Aus topographischen und klimatischen Gründen haben diese Betriebe keine Alternative zu einer Rindvieh-orientierten Grünlandwirtschaft. Schon die bisherige Agrarpolitik hat diese Betriebe benachteiligt; vor allem litten sie stark unter der Milchkontingentierung. Die weiteren, unvermeidlichen agrarpolitischen Maßnahmen zur Eindämmung der Produktionsüberschüsse und der Belastung des EG-Haushaltes werden ohne Zweifel gerade von diesen marginalen Betrieben weitere Opfer verlangen. Schon heute reicht in fast allen Betrieben das Einkommen aus der reinen Landwirtschaft nicht aus, um das Existenzminimum für eine Familie zu erreichen. Überleben konnten diese Betriebe bisher nur dadurch, daß sie entweder aus dem Betriebsteil Forstwirtschaft oder aber durch ein zusätzliches Einkommen die Lücke zwischen Existenzminimum und Einkünften aus der Landwirtschaft einigermaßen schliessen konnten, wobei bei den anderen Einkünften direkte oder indirekte Einkommen aus dem Fremdenverkehr eine wichtige Rolle spielten.

Eine weitere Verminderung des Roheinkommens als Folge der Walderkrankung wird das Familieneinkommen nun neuerdings unter das Existenzminimum drücken. Sollte auch noch der Fremdenverkehr beeinträchtigt werden, was keineswegs auszuschließen ist, vermindern sich gleichzeitig die Möglichkeiten, das Familieneinkommen aus Quellen außerhalb von Land- und Forstwirtschaft aufzustocken, noch weiter. Andere Möglichkeiten sind in diesem strukturschwachen Raum kaum vorhanden. Eine solche Entwicklung müßte daher zwangsläufig zu einem Aus für die meisten der großen und stark auf den Wald angewiesenen Schwarzwaldbetriebe führen. Es bliebe der Eigentümerfamilie kein anderer Weg, als den Hof aufzugeben und irgendwo anders eine Existenz zu suchen.

Auch für die aufgegebenen Höfe gibt es kaum eine Alternative. Die Aufforstung bisher landwirtschaftlich genutzten Bodens, die schon im letzten Jahrhundert und bis in die letzten Jahrzehnte eine gewisse Möglichkeit darstellte, erscheint angesichts der Walderkrankung wenig attraktiv, ganz abgesehen davon, daß sie kurzfristig überhaupt keine Lösung bringt, sondern von den Eigentümern langfristige Investitionen verlangt, denen kein unmittelbarer Ertrag gegenüber steht. Selbst wenn der Staat die Aufforstungen durch Beihilfen zu 100 % subventionieren würde, bleibt das Problem bestehen, daß die Familie über Jahrzehnte hinweg kein ausreichendes Einkommen hätte und damit nicht existieren könnte. Als Alternative bliebe nur der Ankauf und die Aufforstung der frei werdenden Höfe durch den Staat, wie das gerade im untersuchten Gebiet im letzten Jahrhundert und zum Teil auch noch in diesem Jahrhundert betrieben wurde. Es ist mehr als fraglich, ob angesichts der Walderkrankungssituation eine politische Mehrheit für eine solche staatliche Aufforstungsaktivität gefunden werden könnte. Im Gegensatz zu anderen in den nächsten Jahren möglicherweise frei werdenen landwirtschaftlichen Böden eignet sich der Schwarzwald auch weniger für die Produktion von Holz-Biomasse in Form von Plantagen raschwüchsiger Baumarten.

Es erscheint daher wesentlich realistischer, davon auszugehen, daß die frei werdenden Landwirtschaftsflächen ihrem Schicksal überlassen werden und zunehmend verwildern, verbuschen und auf natürlichem Wege im Laufe der Zeit zu Wald werden. Sowohl die gezielte Aufforstung als auch das Überlassen der heutigen landwirtschaftlich genutzten Flächen an die natürliche Sukzessionsentwicklung hätte aber mit Sicherheit noch weit größere und schwerwiegendere Veränderungen des Landschaftsbildes zur Folge als dies allein von der Walderkrankung auf den bisherigen Waldflächen zu erwarten ist.

Das Problem erhält dadurch eine besondere Dimension, daß, wie gezeigt wurde, die Waldbauernbetriebe mit mehr als 5 ha Waldfläche ungefähr die Hälfte der gesamten offenen Fläche im Schwarzwald bewirtschaften. Ob sich die in der Regel kleineren Betriebe mit weniger als 5 ha Waldanteil behaupten können, erscheint auch sehr unwahrscheinlich. So könnte durchaus ein vollständiger Rückzug der Landwirtschaft aus dem mittleren und hohen Schwarzwald erfolgen, mit allen seinen sozioökonomischen, politischen und ökologischen Konsequenzen. Die Möglichkeit der negativen Beeinflussung des Fremdenverkehrs durch Veränderungen des Landschaftsbildes bekäme dadurch noch eine neue und noch weit gewichtigere Dimension. Dies scheint dem Arbeitskreis eine der wichtigsten und schwerwiegendsten regionalen Auswirkungen der Walderkrankung zu sein.

Die Auswirkungen der Aufgabe der Höfe beschränken sich aber nicht nur auf das Landschaftsbild und damit auf eine der Grundlagen des Fremdenverkehrs. Es ist kaum vorstellbar, daß im Hochschwarzwald selbst genügend neue Arbeitsplätze geschaffen werden können, um die aus der Landwirtschaft freigesetzten Personen dauernd zu beschäftigen und ihnen ein adäquates Einkommen zu ermöglichen. Zum mindesten vom Fremdenverkehr kann dies nicht erwartet werden. Man wird im Gegenteil zufrieden sein müssen, wenn dort nicht auch Arbeitsplätze verlorengehen werden. Die anderen Möglichkeiten sind derart beschränkt, daß auf längere Frist nur die volle Abwanderung in andere Gegenden in Frage kommt. Damit würde aber in den Hochlagen des Schwarzwaldes die Bevölkerung auf einen Stand zurückgehen, der die Aufrechterhaltung der ganzen politischen, administrativen und technischen Infrastruktur mangels kritischer Masse in Frage stellen müßte. Gleichzeitig würde dies auch bedeuten, daß die Wirtschaftsstruktur im Hochschwarzwald noch einseitiger würde und noch mehr allein vom Fremdenverkehr mit seinen sehr unsicheren Zukunftsperspektiven abhängen würde.

4.3.2.3 Auswirkungen auf die übrigen Waldeigentümer

Neben dem Bauernwald mit 33 % Anteil an der Waldfläche in der Region Südlicher Oberrhein entfallen 10 % auf den übrigen Privatwald und 57 % auf Körperschafts- und Staatswald. Beim übrigen Privatwald handelt es sich überwiegend um Klein- und Kleinstbesitz, der im Eigentum von nicht Landwirtschaft betreibenden Personen ist. Für diese spielt der Wald als Wirtschaftsobjekt keine Rolle. Die Auswirkungen der Walderkrankung auf diesen Eigentümerkreis sind daher gering und sicher nicht von regionalwirtschaftlicher Bedeutung, so daß auf eine weitere Betrachtung an dieser Stelle verzichtet werden kann.

Wie im Abschnitt 4.3.2.1 gezeigt wurde, sind natürlich auch die öffentlichen Waldeigentümer von den Schäden sehr stark betroffen, und im Prinzip leiden sie unter ähnlichen Mindererträgen und Mehraufwänden sowie unter einem Vermögensverlust in ähnlichem Ausmaß wie der Bauernwald. Angesichts der großen Waldfläche summieren sich diese Beträge zu beachtlichen Summen. Bereits die bis zum Jahre 1986 aufgelaufenen Schäden erreichen eine Höhe von etwa 168 Mio. DM (vgl. Tabelle 7) und für die Periode 1986-1995 müßte je nach Szenarien-Variante mit Schäden bis über 1 Milliarde DM gerechnet werden (vgl. Tabelle 9). Abgesehen vom großen Vermögensverlust müßte daher damit gerechnet werden, daß die öffentlichen Waldeigentümer ihre Kosten für die Waldbewirtschaftung bei weitem nicht mehr durch entsprechende Einnahmen decken könnten und die Forstwirtschaft zu einem, oder vermehrt zu einem, Zuschußbetrieb werden würde. Das hätte natürlich eine zusätzliche Belastung der öffentlichen Haushalte zur Folge. Angesichts des gesamten Haushaltvolumens scheinen aber die zu erwartenden Einnahmeverringerungen und Mehrausgaben in den meisten Fällen relativ wenig ins Gewicht zu fallen. Auf alle Fälle erwartet der Arbeitskreis davon keine wesentlichen regionalwirtschaftlichen Auswirkungen, die einer näheren Untersuchung bedürften.

4.3.3 Auswirkungen auf die Holzindustrie

In Abschnitt 2.2.3.2 wurde gezeigt, daß im Untersuchungsraum die Sägereiindustrie eine verhältnismäßig starke Stellung hat, während Betriebe der großen holzverarbeitenden Industrien, vor allem Zellstoff- und Papierindustrie, in der Region fehlen, dagegen in den benachbarten Regionen eine wesentliche Rolle spielen. Es wurde auch darauf hingewiesen, daß die technische Verarbeitungskapazität der regionalen Sägereiindustrie größer ist als das normale Rundholzangebot aus der Region und deshalb Rundholz eingeführt wird. Näheres über die Struktur und die Bedeutung der holzbearbeitenden Industrie kann der separaten Veröffentlichung "Die regionalökonomische Bedeutung der Forst- und Holzwirtschaft in der Region Südlicher Oberrhein - Auswirkungen der Waldschäden" von H. Hautau und U. Lorenzen in den Beiträgen der ARL entnommen werden.

Wie schon gezeigt wurde, führen die Auswirkungen der Walderkrankung innerhalb des unseren Szenarien zugrunde gelegten Zeithorizonts je nach Annahme mindestens zu einem gleichbleibenden, bei zwei der drei Szenarien aber zu einem stark gesteigerten Angebot, insbesondere an Nadelstammholz. Die mengenmäßige Versorgung der holzbearbeitenden Industrie wird somit, mindestens mittelfristig, sich eher verbessern. Das steigende Rohholzangebot läßt auch erwarten, daß die Rohholzpreise kaum stark ansteigen werden, sondern eher konstant bleiben oder sogar zurückgehen.

Schwieriger zu beurteilen ist die zu erwartende Qualität des angebotenen Rundholzes. Umfangreiche wissenschaftliche Versuche haben ergeben, daß bei rechtzeitigem Einschlag, d.h. einem Einschlag vor dem vollständigen Absterben eines Baumes, die Qualität des Holzes nicht beeinträchtigt ist, es also für alle Verwendungszwecke voll tauglich bleibt. Bleibt der Baum aber nach dem Absterben auch nur noch kurze Zeit im Wald stehen, so verschlechtert sich die Holzqualität sehr rasch unter der Wirkung von Insekten und Pilzen, und es können aus diesem Grunde nur noch minderwertige Produkte erzeugt werden.

Aus diesem Grunde hat bisher die Forstwirtschaft großen Wert darauf gelegt, geschädigte Bäume rechtzeitig einzuschlagen und auf den Markt zu bringen. Bei stark zunehmenden Waldschäden könnten sich jedoch vermehrt Kapazitätsengpässe in der Forstwirtschaft ergeben, die einen laufenden Einschlag aller erkrankten Bäume nicht mehr erlauben. Außerdem können auch Rücksichten auf den Naturhaushalt und die Schutzfunktionen des Waldes dafür sprechen, geschädigte Bäume so lange als möglich, eventuell auch über ihr Absterben hinaus, im Walde zu belassen. In diesem Fall müßte die holzverarbeitende Industrie mit einem teilweisen Qualitätsrückgang des Angebotes rechnen, sofern sie angesichts des reichlichen Angebotes überhaupt noch daran interessiert ist, teilweise entwertetes Holz aufzunehmen.

Von der Versorgung her scheint daher die holzbearbeitende Industrie im Untersuchungsraum auf kurze und mittlere Frist von der Walderkrankung keine wesentlichen negativen Auswirkungen zu erwarten haben. Langfristig gesehen, d.h. über den Zeithorizont unserer Untersuchung hinaus, könnte dagegen sehr wohl infolge der Zuwachsrückgänge und der eingetretenen Vorratsabsenkung eine Verminderung des regionalen Holzangebotes eintreten.

Wie ebenfalls gezeigt wurde, wird höchstens ein Drittel des erzeugten Schnittholzes innerhalb der Region abgesetzt. Sollte nun in anderen Regionen, die bisher ihr Schnittholz mindestens z.T. aus dem Südlichen Oberrhein bezogen haben, das Rundholzangebot auch zunehmen und die Kapazität der Sägewerke ausreichen oder entsprechend vergrößert werden, um das vermehrt anfallende Rundholz zu verarbeiten, müßten die Säger der Region Südlicher Oberrhein damit rechnen, daß ihr Fernabsatz auf zunehmende Schwierigkeiten und auf zunehmenden Preisdruck stoßen würde. Das reichliche Rundholzangebot ist für sie nutzlos, wenn die erzeugten Produkte nicht auch zu kostendeckenden Preisen abgesetzt werden können. Dazu kommt, daß die Sägereiindustrie im Südlichen Oberrhein in ihrer Absatzstruktur ziemlich einseitig auf die bundesdeutschen Ballungsräume außerhalb von Baden-Württemberg ausgerichtet ist und auf dem Exportmarkt keine sehr starke Stellung hat. Ein zunehmendes Rundholzangebot in anderen Gegenden Deutschlands würde sich daher nachteilig gerade auf diese Überschußregion auswirken. Insofern sind die Zukunftaussichten der holzbearbeitenden Industrien der Region Südlicher Oberrhein bei raschem Fortschreiten der Walderkrankung auch nicht ganz ungetrübt.

Angesichts der relativ kleinen Bedeutung, die die holzverarbeitende Industrie für die regionale Wirtschaft als ganzes hat, sind jedoch in keinem Fall schwerwiegende Folgen für die gesamte Wirtschaft der Region zu erwarten.

4.3.4 Auswirkungen auf den Fremdenverkehr

Da der Fremdenverkehr für die Wirtschaft der ganzen Region Südlicher Oberrhein, aber ganz besonders für die strukturell benachteiligte Teilregion Schwarzwald eine sehr große Bedeutung hat, befaßte sich der Arbeitskreis besonders intensiv mit den damit zusammenhängenden Fragen. Die Detailstudie "Die regionalwirtschaftliche Bedeutung der Fremdenverkehrswirtschaft in der Region Südlicher Oberrhein" von H. Hautau und K.H. Hoffmann wird ebenfalls in den Beiträgen der ARL veröffentlicht und für weitere Einzelheiten wird ausdrücklich auf sie verwiesen.

Die Beschaffung von statistischen Unterlagen stieß gerade in diesem Wirtschaftszweig auf gewisse Probleme, nachdem in der offiziellen Fremdenverkehrsstatistik nur noch Betriebe geführt werden, die mindestens 9 Betten aufweisen. Nun spielen aber gerade im Schwarzwald kleine Gaststätten und Pensionen sowie Privatzimmer (auch "Ferien auf dem Bauernhof") eine ganz wesentliche Rolle. Eine Spezialstudie im Raum St.Märgen-Breitnau-Hinterzarten hat denn auch ergeben, daß in den drei Ferienorten, die zusammen ca. 6 % der Fremdenbetten der Region stellen, zusätzlich zum Hotelangebot nochmals 90 % der Hotelbettenzahl in Form von Privatbetten angeboten werden.

Der Fremdenverkehr im Untersuchungsraum ist nicht frei von Problemen. In den vergangenen Jahren ist, gemessen an den übrigen Erholungsgebieten der Bundesrepublik, die Bedeutung des Schwarzwaldes zurückgegangen. In den Jahren 1981-1983 nahmen die Übernachtungen im Schwarzwald um 15,2 % ab. Er stand damit an der Negativspitze der drei klassischen Fremdenverkehrsgebiete der Bundesrepublik. So hatten die Alpen einen Rückgang der Übernachtungen von 12,5 % zu verzeichnen, die Nordsee dagegen von lediglich 0,7 %, während die Übernachtungszahlen in der Bundesrepublik insgesamt nur um 9,1 % zurückgingen. Bemerkenswert ist, daß die sogenannten ländlichen Räume außerhalb der großen Fremdenverkehrsregionen im gleichen Zeitraum ihre Übernachtungszahlen mit einem Minus von nur 0,6 % annähernd halten konnten. Bezogen auf das ganze Bundesgebiet ist also in den letzten Jahren der Marktanteil des Schwarzwaldes gegenüber den Alpen und der Nordsee zurückgegangen. 1986 ergab sich allerdings eine wesentliche Steigerung des Fremdenverkehrs im Schwarzwald, der von Fremdenverkehrs-Fachleuten auf den sogenannten "Schwarzwaldklinik-Effekt" zurückgeführt wird. Neben dem Ferien-Fremdenverkehr spielt im Schwarzwald der Wochenend- und Naherholungsverkehr eine sehr große Rolle, wie bereits in Abschnitt 2.2.3.2 gezeigt wurde.

Wie in Abschnitt 4.4.2 ausgeführt wurde, ist der Fremdenverkehr im Schwarzwald sehr stark landschaftbezogen. Es ist daher nicht auszuschließen, daß die fortschreitende Walderkrankung auf die Dauer negative Auswirkungen auf den Fremdenverkehr haben könnte. Besonders bedenklich wäre dies, wenn diese Tendenz mit einem aus anderen Gründen eher negativen Trend der Gäste- und Übernachtungszahlen zusammenfallen und sich die beiden Effekte gegenseitig verstärken würden.

In Abschnitt 4.2.2 wurde auf die Schwierigkeiten hingewiesen, die sich bei der Abschätzung der zukünftigen Entwicklung des Fremdenverkehrs ergeben. Der Arbeitskreis hat sich deshalb dazu entschlossen, auch beim Fremdenverkehr anhand von Szenarien zu zeigen, was bei bestimmten Annahmen über die zukünftige Besucherzahl für Auswirkungen auf die Region zu erwarten wären. Die drei gewählten Szenarien gehen von einem Rückgang der Besucherzahl gegenüber 1985 um 5 %, 15 % und 30 % aus. Das sind Annahmen, die von keinen konkreten Unterlagen abgeleitet werden können, die aber angesichts der Labilität des Fremdenverkehrs durchaus möglich erscheinen.

Die aufgrund dieser Szenarien durchgeführten Berechnungen ergeben, daß bei einem Rückgang um 5 % der Beitrag des Fremdenverkehrs zum regionalen Volkseinkommen um ca. 0,2 % auf 3,5 % sinken würde. Hinter diesem zunächst sehr niedrigen Wert steht ein Rückgang von ca. 660 000 Übernachtungen, und die Ausgaben der Urlauber und Tagesgäste reduzieren sich um ca. 62 Mio. DM. Das hat Umsatzeinbußen bei den Versorgungsbetrieben der Gastronomie von ca. 12 Mio. DM zur Folge. Dadurch sind 750 Arbeitsplätze im Gastgewerbe und 400 Arbeitsplätze in den übrigen Branchen gefährdet.

Beim mittleren Szenario mit 15 % Rückgang ergibt sich eine Verminderung des Fremdenverkehrsbeitrages zum regionalen Volkseinkommen um 0,5 % auf 3,2 %. Die Ausgaben der Urlauber und Tagesgäste gehen um ca. 186 Mio. DM zurück und die Umsatzeinbußen bei den Versorgungsbetrieben der Gastronomie betragen ca. 36 Mio. DM. Ca. 2 200 Arbeitsplätze im Gastgewerbe und 1 100 Arbeitsplätze in anderen Branchen sind in Gefahr.

Die pessimistische Annahme von 30 % Rückgang würde sich regionalwirtschaftlich schon sehr deutlich niederschlagen, indem das regionale Volkseinkommen um mehr als 1 % abnehmen und die Urlauber und Tagesgäste ca. 372 Mio. DM weniger ausgeben würden, während die Umsätze in den Versorgungsbetrieben um 71 Mio. DM sinken. 4 500 Arbeitsplätze im Gastgewerbe und 2 200 Arbeitsplätze in den übrigen Branchen wären gefährdet.

Wären schon die Auswirkungen eines derartigen Rückganges des Fremdenverkehrs auf die gesamte regionale Wirtschaft sehr spürbar, so würden sie für gewisse Schwerpunktgebiete des Fremdenverkehrs katastrophale Auswirkungen haben. So hätte ein Rückgang des Fremdenverkehrs um 15 % für Hinterzarten für die gesamte Bevölkerung einen Einkommensverlust von durchschnittlich 10 % zur Folge und rund 100 Arbeitsplätze wären gefährdet. Noch größer wäre der Arbeitsplatzverlust in der Gemeinde Feldberg mit etwa 120 Arbeitsplätzen. Es scheint kaum denkbar, daß dafür innerhalb dieser Gemeinden ein Ersatz geboten werden könnte. Ein Rückgang um 30 % hätte für eine Reihe von Gemeinden katastrophale Folgen. Es sind dies z.T. die gleichen Gemeinden, in denen auch der größte Rückgang der Landwirtschaft zu erwarten ist, was die Situation noch verschärft und zu fast unlösbaren Problemen führen müßte.

Diese Untersuchung hat gezeigt, daß selbst innerhalb einer verhältnismäßig kleinen Region wesentliche Unterschiede von Gemeinde zu Gemeinde auftreten können und daß Durchschnittszahlen für die ganze Region nicht viel aussagen. Erst bei der Betrachtung von Teilräumen oder einzelnen Gemeinden ergibt sich die Dramatik einer durchaus möglichen Entwicklung. Besonders erschwerend wirkt sich die Tatsache aus, daß Fremdenverkehr und gefährdete Landwirtschaft räumlich zusammenfallen und daß gerade diese Gebiete sehr einseitig strukturiert sind und alternative Entwicklungsmöglichkeiten fehlen. Die Walderkrankung führt daher innerhalb der Region Südlicher Oberrhein zu einer weiteren Verschärfung der Diskrepanzen in bezug auf die wirtschaftliche Situation und zu einem verstärkten Ungleichgewicht innerhalb der Region.

4.3.5 Zusammenfassende Beurteilung der wirtschaftlichen Auswirkungen

In Abschnitt 4.3.1 wurde darauf hingewiesen, daß es dem Arbeitskreis nicht gelungen ist, eine so weit getriebene Integration aller wirtschaftlichen Auswirkungen der Walderkrankung im Rahmen der Untersuchungsregion zu erreichen, wie er sich das eigentlich gewünscht hätte. Trotzdem ergeben sich eine Reihe von interessanten Schlußfolgerungen aus den Untersuchungen zu den wirtschaftlichen Auswirkungen.

Einmal ist festzuhalten, daß sich die wirtschaftlichen Auswirkungen keineswegs auf den Bereich der Forstwirtschaft beschränken, sondern daß wahrscheinlich noch wesentlich folgenschwerere Wirkungen vor allem für die Höhenlandwirtschaft im Hochschwarzwald und den Fremdenverkehr zu erwarten sind. Es ist auch deutlich geworden, daß sich die Waldschäden auf kürzere und mittlere Sicht weniger stark auf die holzbearbeitende Industrie auswirken werden als das oft angenommen wurde.

Die Auswirkungen auf die Höhenlandwirtschaft und den Fremdenverkehr können an sich schon dünn besiedelt ist, eine geringe Zahl von Arbeitsplätzen außerhalb von Landwirtschaft und Fremdenverkehr aufweist und außerdem aus topographischen und verkehrstechnischen Gründen gegenüber anderen Teilregionen des Untersuchungsgebietes benachteiligt ist.

Eine solche Entwicklung ist vor allem auch aus raumplanerischen Gründen sehr bedenklich, da dadurch bereits bestehende wirtschaftliche Ungleichgewichte innerhalb der Region verstärkt werden. Es müßte zwangsläufig eine noch stärkere Disparität zwischen den Gunsträumen am Fuße der Vorbergzone und dem Schwarzwald einerseits und der Rheinebene andererseits entstehen, was regionalplanerisch unerwünscht ist. Es dürfte aber auch sehr schwierig sein, mit planerischen Maßnahmen zu versuchen, dieses Ungleichgewicht zu verbessern, da nicht zu erkennen ist, was für aussichtsreiche Alternativen zum Fremdenverkehr und zur Höhenlandschaft in der Teilregion Hochschwarzwald wirkungsvolle Abhilfe bieten könnten.

Die zu erwartenden Produktionseffekte konzentrieren sich auf die Fremdenverkehrswirtschaft und die Forstwirtschaft. In der Fremdenverkehrswirtschaft ergeben sich negative Produktionseffekte durch den möglichen Rückgang der Übernachtungszahlen im Hotel- und Gastronomiegewerbe. Gemäß den zugrunde gelegten Schadensszenarien wären jährlich 660 000, 2 Mio. oder gar 4 Mio. Übernachtungen weniger zu erwarten als in der Status-quo-Situation von 1985.

Im Bereich der Forstwirtschaft werden Produktionseffekte durch vermehrten Einschlag von Immisssionsholz ausgelöst, sofern dieser und der übrige Zwangsanfall an Holz den Normaleinschlag übersteigt. Im Falle der optimistischen Variante des Schadensszenarios ergeben sich noch keine Produktionseffekte durch die Waldschäden, da der immissionsbedingte Einschlag im Rahmen des Normaleinschlages noch aufgefangen werden kann. Unter der Annahme der mittleren Variante sind dagegen durchschnittliche jährliche Produktionseffekte von 36 000 m^3 über dem Normaleinschlag zu erwarten. Im Maximum dieser Variante könnte im Jahr 1995 der Gesamteinschlag um knapp 180 000 m^3 über dem Normaleinschlag liegen. Bei der pessimistischen Variante sind die Produktionseffekte am höchsten und würden im Durchschnitt 350 000 m^3 über dem Normaleinschlag betragen, wobei ein Maximum in Höhe von zusätzlich 830 000 m^3 im Jahre 1990 angenommen wird.

Die Beschäftigungseffekte konzentrieren sich ebenfalls auf Fremdenverkehrswirtschaft, Forstwirtschaft und jene Wirtschaftszweige, die dem Fremdenverkehr vorgelagert sind. Bei optimistischer Einschätzung der Fremdenverkehrsentwicklung muß mit insgesamt 1 200 verlorenen Arbeitsplätzen gerechnet werden, die mittlere Variante rechnet mit 3 400 Arbeitsplatzverlusten, währenddem bei pessimistischer Beurteilung sogar 6 700 Arbeitsplätze verlorengehen könnten, was einem Abbau von etwa einem Viertel aller direkt oder indirekt fremdenverkehrsabhängigen Arbeitsplätze im Bereich des Regionalverbandes entsprechen würde.

Im Gegensatz zum Fremdenverkehrsbereich sind in der Forstwirtschaft positive Beschäftigungseffekte zu erwarten. Diese kämen aber allerdings nur bei der pessimistischen Variante zum Tragen, da der erhöhte Holzeinschlag dann nur noch mit zusätzlichen Vollarbeitskräften bewältigt werden könnte. Bis zum Jahr 1995 würden durchschnittlich 900 Waldarbeiter mehr benötigt, im Jahre 1990 sogar 1 700 zusätzliche vollerwerbstätige Arbeitskräfte. Dies würde bedeuten, daß im Bereich des Regionalverbandes die Zahl der Waldarbeiter um 40 %, im Extremfall sogar um 75 % zu erhöhen wäre. Bei optimistischer bzw. mittlerer Einschätzung des Verlaufes der Walderkrankung würden dagegen keine Beschäftigungseffekte in der Forstwirtschaft wirksam, weil der erforderliche Holzeinschlag in diesen beiden Fällen mit dem vorhandenen Arbeitskräftebestand bzw. den verfügbaren Familienarbeitskräften bewältigt werden könnte und höchstens örtliche Umsetzungen von Arbeitskräften in Kauf zu nehmen wären.

Auch die Einkommenseffekte konzentrieren sich auf die Fremdenverkehrswirtschaft und die Forstwirtschaft. Die rückläufigen Urlauber- und Tagesgästezahlen hätten Umsatzeinbußen zur Folge, die zu Einkommensverlusten im Hotel- und Gaststättengewerbe sowie deren Zulieferbetrieben führen würden. Unter der günstigen Annahme der Fremdenverkehrsentwicklung wären Einkommensverluste im Fremdenverkehrsgewerbe sowie den verbundenen Wirtschaftszweigen in Höhe von 33,5 Mio. DM pro Jahr zu erwarten, bei mittlerer Einschätzung sogar in Höhe von 100 Mio. DM pro Jahr. Bei pessimistischer Beurteilung wäre damit zu rechnen, daß die im Bereich des Regionalverbandes aus dem Fremdenverkehr erzielten Einkommen von knapp 600 Mio. DM (Basis 1985) jährlich um ca. 200 Mio. DM verringert würden. Eine tragende wirtschaftliche Basis des Fremdenverkehrs wäre in diesem Falle wohl kaum noch vorhanden.

Die aus der Walderkrankung gegebenenfalls zu erwartenden Einkommenseffekte in der Forstwirtschaft resultieren aus zwei Tatbeständen. Einerseits erhöht sich der betriebswirtschaftliche Aufwand durch zerstreuten Hiebsanfall sowie zusätzliche Maßnahmen im Bereich Kulturen, Forstschutz und Melioration. Andererseits hat die Vermarktung des zusätzlichen Holzanfalles erhöhte Umsatzerlöse zur Folge. Die Veränderung des Einkommens ergibt sich dann als Saldo dieser Wirkungseffekte.

Im Falle der optimistischen Szenariovariante wären keine zusätzlichen Erlöse aus dem Holzverkauf zu erwarten, während die betriebswirtschaftlichen Zusatzkosten eine Höhe von 3,9 Mio. DM pro Jahr erreichen würden. Die Einkommensverluste der Forstwirtschaft würden demzufolge denselben Betrag ausmachen. Unter Annahme eines mittleren Schadensverlaufes würden die Einkommensverluste eine

Höhe von 11 Mio. DM pro Jahr erreichen, wobei den Mehraufwendungen von 15,4 Mio. DM zusätzliche Erlöse aus dem Schadholzanfall in Höhe von durchschnittlich 4,4 Mio. DM gegenüberstünden. Bei der pessimistischen Variante wären betriebswirtschaftliche Mehraufwendungen der Forstwirtschaft in Höhe von 33,9 Mio. DM pro Jahr zu erwarten. Die zusätzlichen Umsatzerlöse des Schadholzes würden unter Annahme eines um 30 % niedrigeren Holzpreises durchschnittlich 30 Mio. DM pro Jahr erreichen, so daß als Nettoeffekt jährliche Einkommensverluste von 3,9 Mio. DM zu erwarten wären.

Der waldschadensbedingte, überhöhte Holzeinschlag und dessen Vermarktung würde somit eine weitgehende Kompensation der forstlichen Mehraufwendungen bewirken und damit die jährlichen Einkommensverluste der Forstwirtschaft für die Dauer der Schadperiode mindern. Da es sich hierbei jedoch um einen vorgezogenen Vermögensabbau im Wald handelt, würden in späteren Perioden diese Holzmengen ausfallen und entsprechende Mindererlöse bewirken.

Die Vermögenseffekte in der Fremdenverkehrswirtschaft sind schlecht zu quantifizieren. Die Einkommensverluste aus dem Fremdenverkehr, insbesondere bei der pessimistischen Annahme, würden die Ertragsbasis des Hotel- und Gaststättengewerbes nachhaltig verschlechtern. Als Folge dieser Entwicklung würden sich auch Vermögenseffekte einstellen, die aus sinkenden Immobilienpreisen bei den betroffenen Wirtschaftszweigen resultieren. Eine Quantifizierung solcher Effekte war in dieser Untersuchung nicht möglich und beinhaltet darüber hinaus erhebliche methodische Probleme.

Im Gegensatz zur Fremdenverkehrswirtschaft sind dagegen die aus Waldschäden resultierenden Vermögenseffekte in der Forstwirtschaft bereits teilweise eingetreten und somit auch einer Quantifizierung zugänglich. Die Vermögensschäden resultieren im wesentlichen aus Zuwachsverlusten, teilweiser Hiebsunreife des Zwangseinschlages und einem Abbau des stehenden Holzvorrates. Bei optimistischer Beurteilung der Waldschadensentwicklung wäre ein Vermögensschaden in Höhe von 7,3 Mio. DM pro Jahr zu erwarten, bei mittlerer Einschätzung bereits 32 Mio. DM pro Jahr und im pessimistischen Fall sogar von 47,1 Mio. DM jährlich.

4.3.6 Raumordnerische Folgerungen

Aufgabe des Arbeitskreises war es, die Auswirkungen der Walderkrankung unter regionalen Aspekten zu beurteilen. Regionen unterscheiden sich in bezug auf die natürlichen, demographischen und wirtschaftlichen Verhältnisse in mannigfacher Weise voneinander, und jede Region hat einen durchaus eigenen und unverwechselbaren Charakter.

Dementsprechend sind auch die Auswirkungen der Walderkrankung von Region zu Region verschieden. Welche ökologischen und ökonomischen Auswirkungen die Walderkrankung in einer bestimmten Region hat, hängt von der Bedeutung des Waldes in der betreffenden Region, also vor allem von den Funktionen, die der Wald innerhalb der Region oder ihrer Teilregionen erfüllt, ab. In stark bewaldeten Regionen oder dort, wo der Wald besonders wichtige Schutz- und Erholungsfunktionen ausübt, sind die Auswirkungen größer als dort, wo der Wald einen kleinen Flächenanteil hat, oder ihm keine wesentlichen wirtschaftlichen und sozialen Funktionen zukommen.

Aber auch der Grad der Erkrankung, die Schwere, die Ausdehnung und die räumliche Verteilung der Waldschäden sind regional sehr stark verschieden. Diese Unterschiede sind teilweise auf unterschiedliche Immissionsbedingungen, teilweise auf die unterschiedlichen natürlichen Verhältnisse wie Klima, Geländemorphologie und geologischer Untergrund zurückzuführen. Auch gleichartige und großräumig ähnlich starke Immissionen können unter verschiedenen natürlichen Verhältnissen zu durchaus verschiedenen Schadbildern und verschieden schweren Krankheitszuständen führen. Dies wurde auch aus unserem Fallbeispiel sehr deutlich, wo innerhalb der Region Südlicher Oberrhein zwischen den einzelnen Teilregionen diesbezüglich sehr große Unterschiede vorkommen.

Die durch die terrestrischen Waldschadensinventuren gewonnenen Durchschnittswerte für die gesamte Bundesrepublik, ganze Länder oder auch ausgedehnte Wuchsgebiete, wie z.B. den Schwarzwald insgesamt, reichen daher nicht aus, um die Verhältnisse in einer bestimmten kleineren Region ausreichend zu charakterisieren. Es ist daher u.U. unerläßlich, durch regionsbezogene Spezialerhebungen Schadensbild und Schadensausdehnung innerhalb einer bestimmten Region genauer zu erfassen.

Aber auch gleichartige und gleich schwere Waldschäden können sich regional sehr stark verschieden auswirken. So spielt z.B. bei den wirtschaftlichen Auswirkungen die Struktur des Waldeigentums eine wichtig Rolle. In einer Region mit vorwiegend Staatswald oder Großprivatwald sind die regionalen Auswirkungen anders als wenn vorwiegend Gemeinde- und Körperschaftswald oder gar bäuerlicher Privatwald betroffen sind. Das gleiche gilt auch für die wirtschaftliche Struktur einer Region. In einer wirtschaftlich starken Region mit großem Arbeitsplatzangebot, vorwiegend expandierenden Wirtschaftssektoren und hohem Pro-Kopf-Einkommen können waldschadensbedingte Verluste und Strukturänderungen leichter abgepuffert werden und werden sich deshalb nicht so stark auswirken wie in wirtschaftlich schwachen Räumen mit Mangel an Arbeitsplätzen und einer schrumpfenden Wirtschaft. Es ist daher nicht nur gerechtfertigt, sondern in vielen Fällen auch notwendig, Ausmaß und Auwirkungen der Waldschäden unter regionalen Aspekten zu sehen und daraus auch regional differenzierte Konsequenzen zu ziehen.

Am Beispiel der Region Südlicher Oberrhein soll nun gezeigt werden, welche raumordnerischen Folgerungen sich aus den Ergebnissen der Fallstudie ableiten lassen und was für Maßnahmen auf regionaler Ebene getroffen werden könnten oder müßten, um auftretende Probleme zu lösen oder mindestens zu entschärfen. Wer innerhalb einer Region jeweils für bestimmte Maßnahmen oder Planungen zuständig ist, hängt entscheidend von der länderweise stark verschiedenen Organisation der Raumplanung im weitesten Sinne ab. Es muß daher in jedem einzelnen Falle abgeklärt werden, welche kommunalen, regionalen oder staatlichen Planungsträger und Fachbehörden angesprochen sind. Deshalb wird im folgenden nicht spezifiziert, wer was zu tun hat, sondern lediglich, was getan werden könnte oder müßte.

Die eigentlichen und entscheidenden Ursachen der Walderkrankung sind großräumiger Natur und können nicht allein durch regionale Maßnahmen beseitigt werden. Es gibt aber auch regionale Schadstoffquellen, die einen Beitrag zur allgemeinen Luftverschmutzung leisten, der nicht unterschätzt werden darf. Entscheidend für die Wirkung ist die Summe der aus der Ferne und aus der Region selbst stammenden Immissionen. Allein schon eine Reduktion der aus der Region stammenden Immissionen ergibt einen nicht unwesentlichen Entlastungseffekt, der sich durchaus auf den Gesundheitszustand des Waldes in der Region auswirken kann. Wie die Ausführungen in Abschnitt 3.4 gezeigt haben, wäre schon viel gewonnen, wenn durch regionale Maßnahmen die weitere Entwicklung der Waldschäden im Rahmen des optimistischen oder mindestens im Bereich zwischen dem optimistischen und dem mittleren Szenario (vgl. Abschnitt 3.4) gehalten werden könnte. Hierzu kann die Region selbst einen wichtigen Beitrag leisten.

Es wird deshalb vorgeschlagen, daß das im Oberrheintal bereits eingeführte grenzüberschreitende Immissions-Meßnetz ergänzt und erweitert wird und die einzelnen stationären Emissionsquellen nach Standort, Art und Größe der Emissionen dargestellt werden. Auf Grund dieses Katasters müßte für jeden Emittenten individuell geprüft werden, was für Möglichkeiten bestehen, um die Emissionen wirkungsvoll zu reduzieren, wenn möglich über das gesetzlich vorgeschriebene Maß hinaus. Es hat sich gezeigt, daß gerade regionaler und u.U. auch grenzüberschreitender Druck durch die mit den Verhältnissen besonders gut vertrauten und den Emittenten auch sonst nahestehenden Körperschaften und Behörden in dieser Beziehung viel erreichen kann.

Besonders bemerkenswerte Erfolge durch zielbewußte und konsequente regionale Aktivitäten wurden z.B. im österreichischen Bundesland Tirol erreicht. Unter Führung des Forstdienstes und in enger Zusammenarbeit mit den regionalen Behörden und regionalen Planungsträgern wurde ein engmaschiges regionales Luftmeßnetz aufgebaut, dessen Beobachtungen die Basis bildeten für gezielte Interventionen bei kommunalen und industriellen Emittenten, mit dem Ziel, auf freiwilliger Basis die Emissionen auch beträchtlich unter das gesetzlich erlaubte Niveau zu reduzieren. Dabei zeigte es sich, daß moralischer Druck der Öffentlichkeit und teilweise auch der Belegschaften in Verbindung mit der Sorge um das Image von Kommunen und Unternehmungen in der Region das Verantwortungsgefühl der Politiker und Unternehmer nicht unerheblich beeinflußte und sie dazu veranlaßte, nach wirksamen und auch unkonventionellen Lösungen zu suchen, um die Emissionen entscheidend zu vermindern. Eine geschickte Öffentlichkeitsarbeit, die besondere Leistungen hervorhob und publik machte sowie Preise für besonders erfolgreiche Maßnahmen erwiesen sich als äußerst wirkungsvoll und schufen einen psychologischen Rahmen für eine Art sportlichen Wettbewerb zwischen verschiedenen Emittenten in ihren Bemühungen um publizitätswirksame Reduktionen ihrer Emissionen. Wenn auch die politischen und psychologischen Vorraussetzungen in der Bundesrepublik aus verschiedenen Gründen diesbezüglich weniger günstig sind, wäre doch zu überlegen und zu prüfen, ob nicht gerade in der Region Südlicher Oberrhein auch auf diesem Wege gewisse Erfolge erzielt werden könnten.

Unsere Untersuchung hat deutlich gezeigt, daß gerade in der Region Südlicher Oberrhein die einzelnen Teilregionen von den Folgen der Walderkrankung unterschiedlich stark betroffen werden. Rheinebene und Vorbergzone mit ihrem geringen Waldanteil und nur wenig geschädigten Wäldern, aber auch dank ihrer Wirtschaftsstruktur mit landwirtschaftlichen Sonderkulturen, einer leistungsfähigen Industrie und dem sehr starken Dienstleistungssektor werden - abgesehen von gewissen Hochwassergefährdungen, auf die noch zurückgekommen wird - ökologisch und wirtschaftlich wenig berührt. Selbst bei der pessimistischen Variante unserer Szenarien wirken sich die Verluste der Waldeigentümer und möglicherweise des Fremdenverkehrsgewerbes weder auf den Arbeitsmarkt noch auf das Bruttosozialprodukt spürbar aus. Die Entwicklung dieser beiden Teilregionen wird auch in Zukunft weitgehend von denselben Kräften und Faktoren bestimmt wie bisher, und auch die wesentlichen planerischen Zielsetzungen werden durch die Walderkrankung kaum berührt.

Aus dem Abschnitt 2.3 wird deutlich, daß die Regionalplanung bisher - durchaus zu Recht - ihren Schwerpunkt in den dicht besiedelten Gebieten der Vorbergzone und teilweise der Rheinebene mit ihren dringenden Problemen sah und im Vergleich dazu den eigentlichen Schwarzwald als weniger problematisch beurteilte. Tatsächlich zeigte es sich in der Vergangenheit, daß die Teilregion Schwarzwald trotz ihrer naturräumlichen und verkehrstechnischen Nachteile einigermaßen der Entwicklung der gesamten Region zu folgen vermochte und sich deshalb innerhalb der Region Südlicher Oberrhein keine sehr ausgeprägten Ungleichgewichte ergaben, wenn auch der Schwarzwald gegenüber den besonders dynamischen Teilräumen am Fuße der Vorbergzone zurückblieb.

Wenn der Schwarzwald in der Region Südlicher Oberrhein bisher trotz gewisser ungünstiger naturräumlicher Voraussetzungen kein Problemgebiet darstellt, so ist das einerseits auf die verhältnismäßig günstige Besitzstruktur der geschlossenen Hofgüter, die stark Traditionen verhaftete, aber gleichzeitig auch aufgeschlossene und innovative bäuerliche Bevölkerung sowie auf die substantiellen Leistungen, die die Forstwirtschaft zunehmend als Beitrag zum Familieneinkommen liefert, zurückzuführen. Die verhältnismäßig großen Familienbetriebe verstanden es, sich immer wieder neuen Situationen anzupassen und neue Möglichkeiten auszunützen. Aus diesem Grunde war bisher der Rückgang der Landwirtschaft im Schwarzwald wesentlich geringer als in anderen Mittelgebirgen mit vergleichbaren natürlichen Verhältnissen.

Zur relativ günstigen Entwicklung des Schwarzwaldes hat aber auch die Entwicklung des Fremdenverkehrs in seinen verschiedenen Formen wesentlich beigetragen. Auch die Landwirtschaft hat von ihm in verschiedener Beziehung profitiert. Der hohe Grad der Motorisierung, verbunden mit einem großzügigen Ausbau der inneren Verkehrserschließung, und die damit verbesserten Pendlermöglichkeiten erlaubten außerdem vielen Bewohnern, Arbeitsplätze in der Vorbergzone zu finden und trotzdem ihren Wohnsitz im Schwarzwald beizubehalten. Dies wurde auch durch die relativ geringen Distanzen zu den wirtschaftlich besonders aktiven Verdichtungsräumen am Fuße der Vorbergzone erleichtert.

Ganz unabhängig von der Walderkrankung zeichnen sich nun aber agrarpolitische Änderungen von großer Tragweite für die Landwirtschaft im Schwarzwald ab. Schon die bisherige Milchkontingentierung hat viele, gerade leistungsfähige Betriebe stark getroffen. Die zur Diskussion stehenden Bemühungen, die Überproduktion landwirtschaftlicher Produkte zu reduzieren und den EG-Agrarhaushalt zu entlasten, werden mit Sicherheit gerade in den klimatisch und topographisch ungünstigen Räumen die Situation der Landwirtschaft weiter verschlechtern. Wenn die ins Auge gefaßten Ziele wirklich erreicht weden sollen, müssen sich zwangsläufig wesentliche Veränderungen ergeben. Dies zeigen auch die Arbeiten des Arbeitskreises "Räumliche Auswirkungen neuerer agrarwirtschaftlicher Entwicklungen" der Akademie für Raumforschung und Landesplanung.

Die nun schon an sich für die Landwirtschaft im Schwarzwald unerfreulichen Tendenzen werden durch die Walderkrankung noch wesentlich verschärft. Wie im Abschnitt 4.3.2 näher ausgeführt wurde, macht sich schon beim optimistischen Szenario die Verminderung des Roheinkommens in den überwiegend gemischten Land- und Forstwirtschaftsbetrieben deutlich bemerkbar, wenn sie auch für sich allein noch nicht existenzbedrohend sind. Bereits bei der mittleren Variante ergeben sich aber so bedeutende Einkommensverminderungen, daß die Existenz vieler Betriebe in Frage gestellt wird. Vollends katastrophal würde die betriebswirtschaftliche Situation gerade der heute noch leistungsfähigsten Betriebe beim pessimistischen Szenario.

Entscheidend ist nun aber, daß sich die an sich schon bedrohlichen agrarpolitisch bedingten Entwicklungen und die Folgen der Walderkrankung nicht nur addieren, sondern wahrscheinlich noch gegenseitig verstärken. Je nach der Geschwindigkeit des Fortschreitens der Walderkrankung wird sich deshalb auch die fatale Entwicklung der Landwirtschaft im Schwarzwald u.U. zusätzlich stark beschleunigen. Da aber schon eine verhältnismäßig geringe Verschlechterung der wirtschaftlichen Lage der Grünlandwirtschaft unter den ungünstigen klimatischen und topographischen Verhältnissen, wie sie im Schwarzwald die Regel bilden, dazu führt, daß ein großer Teil der Schwarzwaldhöfe unter die Grenze der Lebensfähigkeit gedrückt wird, muß bei realistischer Betrachtung damit gerechnet werden, daß in absehbarer Zukunft ein wesentlicher Teil der noch vorhandenen Bauernbetriebe im Schwarzwald aufgegeben werden muß. Diese Tendenz wird auch dadurch verstärkt, daß ganz unabhängig von der Walderkrankung angesichts der nominal stagnierenden und real zurückgehenden Holzpreise bei ständig weiter steigenden Kosten und Lohnansprüchen der potentielle Beitrag der Forstwirtschaft zum Familieneinkommen nicht mehr weiter gesteigert werden kann, sondern eher zurückgehen wird.

Ein großräumiger Rückzug der Landwirtschaft aus der Fläche hätte nun aber im Schwarzwald einen gewaltigen Einfluß sowohl auf die Landschaft als auch auf das Sozialgefüge und würde damit auch die Basis des Fremdenverkehrs erschüttern. Dies umso mehr, als es ausgeschlossen erscheint, durch die Konzentration der Bauernbetriebe auf landespflegerische Aktivitäten mit entsprechender staatlicher Unterstützung auf großer Fläche den heutigen Zustand der Landschaft auch nur einigermaßen zu erhalten.

Es ist daher damit zu rechnen, daß sich in nächster Zeit das bisher noch einigermaßen labile Gleichgewicht zwischen den Teilregionen Rheinebene und Vorbergzone einerseits und Schwarzwald andererseits wesentlich zuungunsten des Schwarzwaldes verschieben wird. Damit wird auch eines der Ziele der Raumordnung, die ausgeglichene und gleichwertige Entwicklung der verschiedenen Teilregionen zu erreichen, in hohem Maße in Frage gestellt. Unter bestimmten Voraussetzungen müßte sogar damit gerechnet werden, daß sich der Schwarzwald zu einer eigentlichen Krisenregion entwickelt.

So oder so ist daher davon auszugehen, daß die Teilregion Schwarzwald in nächster Zukunft viel stärker in den Brennpunkt der Raumordnung rückt und ein wesentlicher Teil der planerischen Aktivitäten sich auf diese Teilregion konzentrieren muß. Darauf haben sich alle Beteiligten rechtzeitig vorzubereiten.

Der Einfluß der Raumordnung auf die weitere Entwicklung der Agrarpolitik ist gering. Trotzdem ist es die Aufgabe der für die Raumordnung Verantwortlichen, die Entwicklung sehr genau zu verfolgen, nicht zuletzt auch deswegen, um nicht davon überrascht zu werden und in der Lage zu sein, rechtzeitig die nötigen Anpassungsmaßnahmen treffen zu können. Wahrscheinlich wird es nötig werden, gerade für den Schwarzwald neue Leitbilder zu entwerfen und sich über die grundsätzlich zu verfolgenden Strategien des unvermeidlichen Anpassungsprozesses klar zu werden.

Im wesentlichen gibt es drei verschiedene denkbare Strategien. Entweder versucht man, sich defensiv zu verhalten, d.h. die unerwünschten Entwicklungen zu bremsen und so weitgehend als möglich zurückzudämmen, um den gegenwärtigen Zustand so lange als möglich zu erhalten. Eine zweite Strategie besteht darin, der Entwicklung ihren Lauf zu lassen und einfach zuzuwarten, bis sich ohne wesentliche Einflüsse von Planung und Politik neue Strukturen oder Gleichgewichte bilden und diese dann passiv hinzunehmen. Die dritte Strategie könnte sich zum Ziel setzen, als unabwendbar betrachtete Entwicklungen mit politischen und planerischen Mitteln zu unterstützen, u.U. sogar zu beschleunigen, um die Anpassung an die neuen Rahmenbedingungen zu erleichtern und um auf diese Weise einen angepeilten neuen Zustand früher zu erreichen.

Angesichts der gegenwärtigen Ungewißheit über Art und Geschwindigkeit der weiteren Entwicklung geht es im Moment nach Auffassung des Arbeitskreises vor allem darum, die nötigen Unterlagen zu beschaffen und sich gedanklich mit den Problemen zu befassen, die möglicherweise schon in naher Zukunft auf die Region zukommen. Diese Überlegungen müssen auf realistischen Annahmen, die weder von übertriebener Schwarzmalerei noch von Wunschträumen bestimmt sind, basieren. Auch hier könnte es sich empfehlen, mit verschiedenen Szenarien zu arbeiten, um die Auswirkungen bestimmter Entwicklungen und Maßnahmen besser abschätzen zu können.

Man kann sich nun natürlich mit Recht fragen, ob das weitgehende Verschwinden der Landwirtschaft aus dem Schwarzwald tatsächlich von wesentlicher raumordnerischer Relevanz ist. In Abschnitt 4.3.2 wurde dargelegt, daß es sich in jenem Teil des Schwarzwaldes, der zur Region Südlicher Oberrhein gehört, um etwas über 2600 Betriebe handelt, die mehr als 5 ha Wald besitzen und damit von der Walderkrankung stärker betroffen sind. Diese rund 2600 Betriebe bewirtschaften aber etwa 50 % der gesamten landwirtschaftlich genutzten Fläche der Teilregion Schwarzwald. Die anderen 50 % der Fläche werden von einer nicht näher bekannten Zahl von Landwirtschaftsbetrieben mit weniger als 5 ha Wald bewirtschaftet. Etwa 1850 davon verfügen über 1-5 ha Wald.

Im allgemeinen dürften die Betriebe mit geringem oder ohne Waldanteil kleiner sein als jene mit mehr als 5 ha Wald. Daraus ist zu schließen, daß die Zahl der Betriebe mit weniger als 5 ha Wald, die die andere Hälfte der landwirtschaftlichen Fläche des Schwarzwaldes bewirtschaften, wesentlich über 3000 liegen müßte. Davon ist aber eine größere Zahl als Neben- oder Zuerwerbsbetrieb zu betrachten. Dadurch sind sie einerseits in etwas geringerem Maße von den agrarpolitischen Veränderungen direkt betroffen. Umgekehrt sind aber die kleineren Betriebe im Hinblick auf den landwirtschaftlichen Betriebsteil überwiegend in einer schlechten Konkurrenzposition und damit erst recht gefährdet. Daher ist anzunehmen, daß bei ungünstigen agrarpolitischen Randbedingungen wahrscheinlich auch die Kleinbetriebe zum größeren Teil aufgegeben würden und damit der überwiegende Teil der heute im Schwarzwald noch vorhandenen Landwirtschaftsfläche nicht mehr bewirtschaftet würde.

Die Zahl der bei einem Rückzug der Landwirtschaft aus dem Schwarzwald vielleicht etwa 5000 freigesetzten Vollarbeitskräfte ist in der Tat im Vergleich zur gesamten Arbeitsplatzzahl von rund 330 000 in der Region Südlicher Oberrhein unerheblich und hätte an sich keine wesentlichen raumrelevanten Auswirkungen. Mit Sicherheit kann allerdings gesagt werden, daß in der Teilregion Schwarzwald selbst keine entsprechenden Arbeitsmöglichkeiten bestehen oder entsprechende Arbeitsplätze neu geschaffen werden können. Die ausscheidenden Landwirte wären deshalb auf Arbeitsplätze in anderen Teilregionen der Region Südlicher Oberrhein oder in benachbarten Regionen angewiesen.

Mindestens zum Teil könnten sie diese Arbeitsplätze als Tagespendler erreichen, umsomehr als ja das Straßennetz gut ausgebaut ist. Das würde ihnen erlauben, die bisherige Wohnung beizubehalten. Es ist allerdings fraglich, ob diese Lösung auf Dauer Bestand hätte. Es darf nicht übersehen werden, daß ein Großteil der jetzt bewohnten Bauernhäuser sehr alt und wenig zweckmäßig eingerichtet ist. Sie stehen in engem funktionellem Zusammenhang mit den für die Landwirtschaft benutzten Räumen und Einrichtungen. Wenn diese nicht mehr benützt werden, wird die Last des Unterhalts der oft riesigen Gebäude für den Eigentümer sehr groß und steht in keinem vernünftigen Verhältnis zum Wert der Wohnung.

Es ist daher zu vermuten, daß dem Berufswechsel in sehr vielen Fällen auch rasch ein Wohnortswechsel folgen würde, sei es, daß der ehemalige Bauer in die Nähe seines neuen Arbeitsplatzes, sei es in eine geeignetere Wohnung in einer verkehrsgünstig gelegenen Ortschaft in der Nähe des früheren Wohnortes zieht. In beiden Fällen ergeben sich gewisse infrastrukturelle Folgen im Hinblick auf Siedlung und Verkehr.

Wichtiger als die Folgen für Beschäftigung, Siedlung und Verkehr erscheinen aber die soziologischen und landschaftsökologischen Auswirkungen. Berufswechsel und vor allem die Abwanderung würden die soziale Struktur der bis jetzt noch bäuerlich geprägten Schwarzwaldgebiete radikal verändern. Der Schwarzwald würde in großen Teilen zu einem reinen Schlaf- und Fremdenverkehrsgebiet mit allen damit verbundenen Folgen werden. Selbst eine nur teilweise Abwanderung der bisherigen Landwirte aus dem Schwarzwald würde die für die Aufrechterhaltung der heutigen Infrasturktur notwendig kritischen Maße an Bevölkerung in vielen Gemeinden rasch unterschreiten. Das würde wiederum eine Ausdünnung der Infrastruktur in weiten Teilen des Schwarzwaldes zur Folge haben, und diese würde ihrerseits wieder die Abwanderungstendenzen fördern. Verstärkt würde sie durch die demographischen Entwicklungstendenzen der geringen Reproduktionsraten und der zunehmenden Überalterung der Bevölkerung. Der Untergang der Landwirtschaft würde somit auch das bisherige soziale, wirtschaftliche und politische Gerüst vieler Gemeinden und Ortsteile im Schwarzwald schwer beeinträchtigen und vieles in Frage stellen, was bisher als ganz selbstverständlich gilt und mindestens zum Teil eine Grundlage des Ausflugs- und Fremdenverkehrs ist.

Gewaltige Folgen ergäben sich auch für Landschaftsökologie und Landschaftsbild. Es ist anzunehmen, daß der weit überwiegende Teil der nicht mehr landwirtschaftlich genutzten Flächen einfach ihrem Schicksal überlassen würde und sich auf ihnen eine natürliche Sukzession der Vegetation entwickeln würde, die mit der Zeit über verschiedene Zwischenstadien wieder zu einem Wald führt. Aus ökologischer Sicht wäre eine solche Entwicklung gar nicht nur als negativ zu sehen.

Alternative Nutzungen des Großteils der frei werdenden Landwirtschaftsflächen kommen nur beschränkt in Frage. Auch der Bedarf an Golfplätzen ist nicht unbeschränkt, und die gezielte Aufforstung mit dem Ziel Wirtschaftswald, die in früheren Perioden eine wesentliche Rolle spielte und durch die die Waldfläche im Schwarzwald im Laufe der letzten 150 Jahre um mehr als 50 % zunahm, dürfte unter den gegenwärtigen Verhältnissen für die Grundeigentümer von geringem Interesse sein und auch am Kapitalmangel scheitern. Selbst wenn die vollen Aufforstungskosten von der öffentlichen Hand übernommen würden, erhält der Grundeigentümer über Jahrzehnte hinweg keinen Ertrag und die Situation der Walderkrankung läßt diese Alternative außerdem als wenig attraktiv erscheinen. Ob der Staat heute und unter dem Eindruck des Waldsterbens und der schlechten betriebswirtschaftlichen Situation der Forstwirtschaft finanziell und politisch überhaupt in der Lage wäre, die Großzahl der frei werdenden Landwirtschaftsbetriebe aufzukaufen und anschließend aufzuforsten, wie das vor allem im letzten Jahrhundert und im ersten Drittel dieses Jahrhunderts der Fall war, erscheint mehr als zweifelhaft. Schon die Wiederherstellung der bisherigen von der Walderkrankung betroffenen Wälder scheint eine gewaltige Aufgabe zu sein.

Schwer abzuschätzen ist der Einfluß einer Verwilderung der bisherigen Landwirtschaftsflächen auf die Erholungseignung und damit auf den Fremdenverkehr. Diesbezüglich gelten die gleichen Überlegungen, die in Abschnitt 4.2.2 im Hinblick auf die Walderkrankung dargestellt wurden und auf die hier ausdrücklich verwiesen wird. Wir kamen dort zum Schluß, daß zum mindesten nicht auszuschließen sei, daß durch großflächige oder generelle Verbrachung der Landschaft der Fremdenverkehr beeinträchtigt werde. Was dies für wirtschaftliche und damit auch raumwirksame Folgen hätte, wurde in Abschnitt 4.3.4 dargestellt.

Die Folgen des Rückzuges der Landwirtschaft aus dem Schwarzwald dürfen nicht in erster Linie unter dem Aspekt Arbeitsmarkt gesehen werden. Dieses Problem ist wohl ohne besondere Schwierigkeiten lösbar. Viel wichtiger sind die soziologischen, politischen, ökologischen und fremdenverkehrswirtschaftlichen Aspekte. Daher muß die Raumordnung Farbe bekennen und Ziele setzen. Absichtserklärungen genügen nicht, und es müssen u.U. schwerwiegende Entscheide gefällt werden. Entweder will man den Schwarzwald auch bei ungünstiger agrarpolitischer Entwicklung und einem Fortschreiten der Walderkrankung mit ihren möglichen Folgen für den Fremdenverkehr als lebensfähigen Kultur- und Siedlungsraum erhalten, was einer gewaltigen Anstrengung bedarf und in irgendeiner Weise zu Lasten anderer Aufgaben oder anderer Regionen und Teilregionen geht, oder aber man nimmt in Kauf, daß er sich zunehmend entvölkert und schließlich mehr und mehr zu einer von Straßen durchzogenen Wildnis wird, wie wir dies aus anderen Regionen Europas, vor allem aus den zirkummediterranen Berggebieten kennen. Dies entspricht allerdings nicht den bisherigen Zielen und Vorstellungen der Landes- und Regionalplanung, ist aber durchaus eine realistische Vorstellung, mit der man sich u.U. vertraut machen muß.

Abgesehen von diesen sehr grundsätzlichen Fragen der Raumordnung, die sich zum Teil unabhängig vom Fortgang der Walderkrankung stellen, die aber möglicherweise als Folge der Walderkrankung besonders brisant werden und eine rasche Lösung verlangen, drängen sich regionale Überlegungen und Maßnahmen auf, die in einem ganz direkten Zusammenhang mit der Walderkrankung stehen. So ist es aus regionaler Sicht unerläßlich, sich ein genaueres Bild über den Stand der Walderkrankung innerhalb der Region zu machen, um entscheiden zu können, wo und mit welchen Prioritäten bestimmte Maßnahmen getroffen werden müssen, mit dem Ziel, nachteilige Auswirkungen der Walderkrankung einzudämmen und gefährliche Entwicklungen zu vermeiden.

Eine Reihe von lokal und regional raumwirksamen Effekten der Walderkrankung lassen sich nur erkennen und Gegenmaßnahmen lassen sich nur planen, wenn das Verteilungsmuster der Waldschäden innerhalb eines bestimmten Gebietes bekannt ist. Die Walderkrankung ist nicht gleichförmig über die ganze Waldfläche verteilt, sondern zeigt ein unregelmäßiges Verteilungsmuster, das z.T. durch natürliche Standortfaktoren, zum Teil durch unterschiedliches Alter der Bestände und unterschiedliche Baumartenzusammensetzung bestimmt wird. So bildet sich ein Mosaik von verschieden stark betroffenen Flächen, die sich räumlich gegeneinander abgrenzen lassen. Zum Teil scheinen die Schwerpunkte der Schäden nach den bisherigen Erfahrungen in ihrer Lage recht konstant zu sein, es muß aber auch damit gerechnet werden, daß sich im Laufe der Zeit Verschiebungen ergeben, neue Schadensschwerpunkte entstehen, andere sich ausweiten oder reduzieren, weshalb Kartierungen der Schadensverteilung von Zeit zu Zeit überprüft werden müssen.

Es war nicht Aufgabe des Arbeitskreises und lag auch außerhalb seiner Möglichkeiten, sich ein detailliertes Bild über die lokale Verteilung der Walderkrankung innerhalb der Region zu verschaffen. Die Resultate der bundesweiten Waldschadensinventur, die auf einem Stichprobennetz mit Stichprobenabständen von 4 km beruhen, ergeben lediglich Durchschnittswerte für größere Gebiete, z.B. den gesamten Schwarzwald, oder erlauben nur den Vergleich zwischen einzelnen Wuchsgebieten, z.B. des gesamten Schwarzwaldes mit dem Alpenvorland oder dem Bayerischen Wald usw.. Auf der Basis der Stichproben ist es aber nicht möglich, die Schwerpunkte der Walderkrankung innerhalb der statistischen Erhebungseinheiten zu lokalisieren. Das war auch nicht das Ziel der bundesweiten Inventuren, die einen generellen Überblick über die Verbreitung und Entwicklung geben sollten.

Die Kenntnis der geographischen Lage der wichtigsten Schadensflächen innerhalb der Region ist aber unerläßlich, um sich im regionalen Rahmen Gewißheit über die Schwerpunkte des Geschehens und die lokalen Auswirkungen zu verschaffen. Es wird deshalb vorgeschlagen, für die Teilregion Schwarzwald eine detaillierte Erhebung und Kartierung der gegenwärtigen Hauptschadensgebiete vorzunehmen. Eine solche Kartierung müßte allerdings von Zeit zu Zeit wiederholt werden, um zu erkennen, ob und wie weit sich die Hauptschadensgebiete verändert oder ausgedehnt haben, ob neue Schadensschwerpunkte erscheinen oder wo Verbesserungen des Gesundheitszustandes erfolgt sind. Allein auf der Basis einer solchen Kartierung der Hauptschadenszentren und der davon besonders betroffenen Gebiete lassen sich Schwerpunkte und Prioritäten für konkrete Maßnahmen, z.B. zum Bodenschutz in abgehenden Beständen, technische Schutzmaßnahmen gegen Schneerutsche und Steinschlag oder auch Düngungs- und Meliorationsmaßnahmen setzen.

Eine Kartierung der Schadensschwerpunkte scheint in Zusammenarbeit mit den zuständigen Forstämtern und mit deren Lokalkenntnissen sowie unter Einbezug der bei der FVA vorhandenen Infrarot-Luftaufnahmen ohne übermäßigen Aufwand durchaus lösbar zu sein. Eine entsprechende Karte würde als Planungsunterlage bestimmt sehr gute Dienste leisten. Sie könnte außerdem sowohl bei den kommunalen Behörden und den Gremien der Regionalplanung als auch der Bevölkerung das Bewußtsein über die Situation und deren weitere Entwicklung entscheidend verbessern und damit das politische und planerische Handeln erleichtern.

Wie in Abschnitt 4.2.1 näher ausgeführt wurde, ist damit zu rechnen, daß als Folge der Walderkrankung der Gesamtwasserabfluß und sehr wahrscheinlich auch die Hochwasserspitzen der aus dem Schwarzwald kommenden Flüsse und Bäche als Folge des Absterbens und der Auflichtung von Waldbeständen zunehmen werden.

Das Ausmaß dieser Zunahme ist schwer abzuschätzen. Eine detaillierte Erfassung der Hauptschadensgebiete könnte auch diese Abschätzung und die Identifizierung der besonders gefährlichen Wasserläufe erleichtern. Die erhöhten Abflußspitzen können durchaus weitreichende Folgen haben und die Hochwassergefährdung in bestimmten Bereichen der Vorbergzone und der Rheinebene beträchtlich vergrössern. Es wird daher empfohlen, in Zusammenarbeit mit der Wasserwirtschaft den gegenwärtigen Stand der Hochwassergefährdung in den einzelnen Abschnitten der Bäche und Flüsse unter Annahme der bisherigen Hochwasserspitzen detailliert abzuklären und mit den Ausweisungen der regionalen und kommunalen Pläne zu vergleichen. Daraus ergeben sich bereits wertvolle Hinweise auf mögliche kritische Stellen und die denkbaren Auswirkungen.

Außerdem dürfte es sich empfehlen, das Netz der Wassermeßstationen zu verdichten, um durch intensivierte Beobachtungen rechtzeitig zu erkennen, ob und in welchem Ausmaß die Wasserabflüsse in den kommenden Jahren ansteigen. Zusammen mit der Beurteilung der bisherigen relativen Hochwassersicherheit ergäben sich auf diese Weise präzisere Anhaltspunkte, wo schwerpunktmäßig zukünftige Gefahren auftreten könnten und wo und mit welcher Dringlichkeit wasserbauliche Maßnahmen, z.B. die Schaffung zusätzlicher Hochwasser-Speicherräume bzw. Erhöhung der Hochwasserdämme, oder aber Änderungen der bisherigen Planungen und Flächenausweisungen nötig werden.

In Abschnitt 4.2.1 wurde ebenfalls darauf hingewiesen, daß durch die erhöhten Stickstoffeinträge aus der Luft sowie vor allem auch durch die Humus-Mineralisierung in stark aufgelichteten oder kahl gewordenen Waldflächen der Nitrateintrag in das Bodenwasser vergrößert werden kann. Schon jetzt sind die Nitratgehalte vieler Grund- und Quellwasserfassungen in der Region sehr hoch und übersteigen zum Teil die Grenzwerte wesentlich. Es ist zu erwarten, daß diese Werte an vielen Orten auch ohne den Einfluß der Walderkrankung noch weiter ansteigen werden. Jeder zusätzliche Nitrateintrag als Folge der Walderkrankung verschärft daher die Situation. Auf den Waldflächen, die für die lokale oder regionale Trinkwasserversorgung, sei es als Einzugsgebiet von Quellen, sei es als Nährgebiet für Grundwasservorkommen, wichtig sind, muß daher besonders dafür gesorgt werden, daß durch frühzeitigen Unterbau und rasche Wiederbestockung stark gefährdeter Bestände die Nitratauswaschung möglichst gering gehalten wird.

Um auch hier Prioritäten setzen zu können, wird vorgeschlagen, eine flächendeckende Kartierung der jetzt und auf Grund vorhandener Planungen in Zukunft wichtigen Trinkwassereinzugsgebiete vorzunehmen und mit den ebenfalls kartierten Hauptverbreitungsgebieten der Waldschäden zu vergleichen. U.U. ergeben sich bereits dabei Hinweise auf notwendige Konzept- und Planungsänderungen der kommunalen und regionalen Wasserversorgung.

Lawinen, Schneerutsche, Steinschlag und Bodenerosion sind unter regionalplanerischen Aspekten vor allem dort von Bedeutung, wo durch sie Siedlungen und Verkehrslinien, in Wintersportgebieten auch Loipen, Skipisten und Skilifte gefährdet werden. Art und Ausmaß der Gefährdung hängen stark von den konkreten lokalen Verhältnissen ab. Auch hier geht es darum, diejenigen Waldbestände zu erfassen, denen diesbezüglich konkrete Schutzfunktionen zukommen und deren Gesundheitszustand daher besonders intensiv überwacht werden muß, damit nötigenfalls rechtzeitig und mit Konzentration aller Mittel durch frühzeitigen Unterbau stark kranker Bestände, eventuell auch durch geeignete technische Maßnahmen, die Gefährdung vermindert werden kann.

Auch hier empfiehlt es sich, bereits prophylaktisch einen Gefährdungskataster aufzunehmen und jene Waldbestände kartographisch zu erfassen, denen besondere Bedeutung zukommt und deren Zustand besonders intensiv zu verfolgen ist. Die für das ganze Land Baden-Württemberg vorhandene Waldfunktionenkarte kann dazu wichtige Hinweise geben; sie ist aber nicht genügend differenziert und objektbezogen, um die Aufgabe allein erfüllen zu können. Solche Unterlagen sind auch deshalb wichtig, um prüfen zu können, ob bisher in der Planung ausgewiesene Flächen und Standorte unter dem Gesichtspunkt neuer Gefährdungen durch die Walderkrankung noch vertretbar sind oder zukünftige Planungen den neuen Gegebenheiten Rechnung zu tragen haben.

Unter den in Abschnitt 4.2.4 behandelten Aspekten des Landschaftsbildes und der Erholungseignung ergeben sich ebenfalls Prioritätsgebiete, in denen aus Gründen des Landschaftsschutzes und wegen ihrer Bedeutung für den Fremdenverkehr der bisher vorhandene Wald besonders wichtig und erhaltenswert ist. Auf diesen Flächen sollte mit allen Mitteln versucht werden, den Wald zu erhalten, oder wo dies nicht möglich ist, ihn so rasch als möglich wieder zu begründen und neu aufzubauen. Dazu sind in vielen Fällen gezielte Bestandesdüngung oder besonders intensive Pflegemaßnahmen erforderlich, die auch dann durchgeführt werden müssen, wenn unter betriebswirtschaftlichen Gesichtspunkten der Eigentümer daran wenig interessiert ist.

Ähnliches gilt auch für die Erhaltung bisher offener und für Landschaftsbild und Fremdenverkehr besonders wichtiger Landwirtschaftsflächen. Bei einem starken Rückgang der Landwirtschaft im Hochschwarzwald wird es mit Sicherheit nicht möglich sein, die ganze bisher landwirtschaftlich genutze Fläche auf die Dauer offen zu erhalten. Wesentliche Teile müssen zwangsläufig zu Brachland werden oder der natürlichen Sukzession zu Wald überlassen bleiben. Deshalb wird weiter vorgeschlagen, durch eine Kartierung derjenigen Waldteile und Landwirtschaftsflächen, deren Erhaltung für Landschaftsbild und Fremdenverkehr von besonderer Bedeutung ist, Prioritätsflächen festzulegen, die in erster Linie unter den Gesichtspunkten von Landschaftsbild und Erholung zu erhalten sind und wo dementsprechend auch die Mittel zur Erhaltung und zum Wiederaufbau prioritär einzusetzen sind.

Sowohl die Lokalisierung der Waldschadensschwerpunkte und die Verfolgung ihrer weiteren Entwicklung als auch die vorgeschlagene Kartierung der wichtigen Trinkwasser-Einzugsgebiete und der durch Lawinen, Schneerutsche, Steinschlag und Bodenerosion besonders gefährdeten Bereiche sowie der für Landschaftsbild und Fremdenverkehr entscheidenden Wald- und Landwirtschaftsflächen und die Überprüfung der Hochwassergefährdung bilden die Voraussetzung, um im Rahmen einer regionalen Planung Schwerpunkte und Prioritäten setzen zu können und sich rechtzeitig ein Bild über mögliche Entwicklungen und die dadurch bedingten Aufwendungen zu machen.

Die genaue Bezeichnung und Abgrenzung von Flächen, die aus der Sicht der Raumordnung besonders wichtig sind und auf denen deshalb alles getan werden sollte, um eine weitere Verschlechterung des Waldzustandes zu verhindern oder die Wiederherstellung mit Vorrang zu betreiben, erscheint aus zwei Gründen besonders notwendig.

Einmal steht außer Frage, daß die für die Erhaltung und Wiederherstellung geschädigter Wälder zur Verfügung stehenden Mittel immer beschränkt sein werden und nicht zur gleichzeitigen Sanierung aller Flächen ausreichen. Deshalb müssen auch aus finanziellen Gründen Prioritäten festgelegt und die Mittel dort konzentriert werden, wo ein besonders großes Interesse der Öffentlichkeit an der Erhaltung und Wiederherstellung des Waldes besteht. Diese Prioritäten sind in erster Linie nach raumordnerischen Gesichtspunkten zu beurteilen.

Die raumordnerischen Prioritäten brauchen sich keineswegs mit den Prioritäten des einzelnen Waldeigentümers zu decken. Der Entscheid darüber kann daher nicht einfach dem einzelnen Waldeigentümer überlassen bleiben. Dies nicht zuletzt auch deshalb, weil zu erwarten ist, daß bei einem Fortschreiten der Walderkrankung das Interesse vieler Waldeigentümer an ihrem Walde stark zurückgehen wird und die Gefahr besteht, daß diese Waldeigentümer ihren Wald, der für sie keinen wirtschaftlichen Wert mehr hat, seinem Schicksal überlassen und auch auf Sanierungsmaßnahmen verzichten. Dort, wo aber ein raumordnerisches Interesse an der Erhaltung oder Wiederherstellung des Waldes besteht, muß die öffentliche Hand einspringen und dafür sorgen, daß die im öffentlichen Interesse liegenden Maßnahmen getroffen werden. Dazu sind auch öffentliche Mittel zur Verfügung zu stellen. Die Raumordnung hat dabei aber ein gewichtiges Wort mitzusprechen.

Aus den vorangegangenen Überlegungen ergibt sich eindeutig, daß die Walderkrankung die Raumordnung vor ganz konkrete Probleme stellt, denen sie sich nicht entziehen darf. Um die möglicherweise auf sie zukommenden Probleme sachgemäß lösen zu können, sind schon jetzt gewisse vorbereitende Maßnahmen nötig. Dazu sollten hier einige Anregungen gegeben werden.

5. Zusammenfassung

1. Seit der zweiten Hälfte der 70er Jahre wird in weiten Teilen Mitteleuropas ein zunehmender Rückgang der Vitalität von Wäldern festgestellt. Die sogenannten "neuartigen Waldschäden" oder auch das "Waldsterben" ist eine multifaktorielle Komplexkrankheit, an deren Entstehung Luftverunreinigungen maßgebend beteiligt sind. Der größte Teil der Schadstoffe stammt aus Verbrennungsvorgängen von fossilen Energieträgern. Hauptquellen sind Großkraftwerke, Industriebetriebe, Hausbrand und der Motorfahrzeugverkehr. Die bisher getroffenen Maßnahmen reichen nicht aus, um in den nächsten Jahren die eigentlichen Ursachen der Walderkrankung wesentlich zu vermindern. Die Walderkrankung wird daher weiter fortschreiten, wobei je nach der jeweiligen Jahreswitterung die Fortschritte mehr oder weniger dramatisch sein werden.

2. Die Akademie für Raumforschung und Landesplanung beauftragte einen interdisziplinär zusammengesetzten Arbeitskreis, die raumstrukturellen Auswirkungen der Walderkrankungen abzuklären. Der Arbeitskreis sah seine Aufgabe in erster Linie in der Entwicklung einer problemadäquaten Methodik der Erfassung raumwirksamer Folgen der Walderkrankung und entschloß sich, diese Aufgabe an einem konkreten Fallbeispiel zu lösen. Dazu wurde der Bereich des baden-württembergischen Regionalverbandes Südlicher Oberrhein mit seinem Zentrum Freiburg i.Br. gewählt. Diese Region umfaßt Teile der Oberrheinebene, der Vorbergzone des Schwarzwaldes sowie wesentliche Teile des Hochschwarzwaldes. Der Schwarzwald gehört zu den von der Walderkrankung besonders stark betroffenen Gegenden der Bundesrepublik.

3. Die untersuchte Region ist überdurchschnittlich bewaldet, wobei sich die Waldfläche aber vorwiegend auf die Teilregion Hochschwarzwald konzentriert. Rund ein Drittel der Waldfläche ist bäuerlicher Privatwald, der im Einzelhofgebiet des Schwarzwaldes, wo nur Grünlandwirtschaft möglich ist, einen wichtigen Betriebszweig darstellt und einen beträchtlichen Beitrag zum Arbeits- und Markteinkommen leistet. Rheinebene und Vorbergzone sind landwirtschaftliche Gunsträume mit einem sehr hohen Anteil an Sonderkulturen. Gewerbe und Industrie sind vorwiegend mittelständisch strukturiert und in bezug auf die Branchenzusammensetzung sehr vielseitig. Moderne und zukunftsträchtige Industriezweige überwiegen. Holzproduzierende Forstwirtschaft und Holzbearbeitung spielen im Vergleich zu anderen Regionen Baden-Württembergs und der Bundesrepublik eine wesentliche Rolle. Darüber hinaus ist der Wald für die Region von sehr großer Bedeutung als Landschaftsfaktor und wegen seiner wasserwirtschaftlichen

und Schutzfunktionen. Der Wald prägt das Landschaftsbild und bildet damit eine Grundlage sowohl für den Ferien- als auch den Ausflugsverkehr. Die Region Südlicher Oberrhein ist eine der wichtigsten Fremdenverkehrsregionen der Bundesrepublik. Abgesehen von wenigen Orten am Rande der Rheinebene konzentriert sich der Fremdenverkehr vor allem im Hochschwarzwald, wo einige Gemeinden fast ausschließlich vom Fremdenverkehr abhängen.

4. Die seit 1983 in der Bundesrepublik jährlich durchgeführten und auf einem Stichprobennetz beruhenden terrestrischen Waldschadensinventuren zeigen den bisherigen Verlauf der Walderkrankung. Neben der bundesweiten Waldschadensinventur verfügen wir für den Schwarzwald noch über die Ergebnisse der permanenten Beobachtungsflächen der Baden-Württembergischen Forstlichen Versuchs- und Forschungsanstalt, in denen seit Herbst 1980 der Zustand einer großen Zahl von Einzelbäumen zweimal im Jahr genau festgestellt wird. Daraus ergibt sich, daß die Zunahme der Erkrankung nicht gleichmäßig verläuft. Die Walderkrankung ist im Schwarzwald besonders ausgeprägt. Mehr als ein Drittel aller Fichten, zwei Drittel aller Tannen und je annähernd ein Drittel aller Kiefern und Buchen zeigen ernsthafte Krankheitserscheinungen mit einem Nadel- bzw. Blattverlust von mehr als 25 %. In der waldarmen Rheinebene und in der Vorbergzone ist der Gesundheitszustand der Wälder deutlich besser.

5. Die gegenwärtige Walderkrankung ist ein neues Phänomen, für das es keine historischen Parallelen gibt. Es ist auch überall etwa gleichzeitig aufgetreten, so daß es kaum möglich ist, aus den Erfahrungen eines Gebietes mit relativ frühem Auftreten auf den Verlauf in anderen Gebieten zu schließen. Wegen der kurzen Beobachtungszeit und des unregelmäßigen Verlaufes der Entwicklung in den vergangenen Jahren läßt sich auch kein Trend erkennen, der mit vertretbarer Begründung in die Zukunft extrapoliert werden könnte. Trendextrapolationen sind außerdem bei Erscheinungen, die von vielen, sich wechselseitig beeinflussenden Faktoren bestimmt werden, grundsätzlich kaum möglich. Auch Faktoren, deren Einfluß unbestreibar ist, wie der Witterungsverlauf, lassen sich ebenfalls nicht vorhersagen. Aus allen diesen Gründen ist es grundsätzlich unmöglich, den weiteren Verlauf der Walderkrankung zu prognostizieren.

6. Da keine Prognosen möglich sind, muß mit Szenarien gearbeitet werden. Szenarien sind keine Prognosen, sondern beruhen auf plausiblen, gewählten Annahmen. Sie sagen nicht mehr aus, als daß unter Zugrundelegung bestimmter Hypothesen mit einer gewissen Wahrscheinlichkeit eine bestimmte Entwicklung zu erwarten ist. Der entscheidende Punkt sind daher die Annahmen, welche einem Szenario zugrunde gelegt werden. Auch der Arbeitskreis verwendete für die Abschätzung der zukünftigen Auswirkungen der Walderkrankung Szenarien. Er versuchte dabei, möglichst plausible Grundannahmen zu treffen und konkrete Erfahrungen und Erkenntnisse so weit als möglich zu berücksichtigen. So wurde als Basis aller Szenarien der durch die offiziellen Waldschadensinventuren festgestelle gegenwärtige Waldzustand angenommen. Weiter ging der Arbeitskreis davon aus, daß Bäume, die zu mehr als 60 % geschädigt sind, auf die Dauer nicht überleben können. Je nach Szenario wurde angenommen, daß die heute über 60 % geschädigten Bäume durchschnittlich innerhalb von 5, 10 oder 15 Jahren absterben werden. Die Zahl der Bäume, die in den einzelnen Jahren die Schwelle der Schadstufe 3 (60 % Nadelverlust) überschritten haben, läßt sich aus den Ergebnissen der terrestrischen Waldschadensinventur errechnen. Die Unterschiede von Jahr zu Jahr sind aber recht groß. Der Arbeitskreis entschied sich zur Annahme, daß als pessimistische Variante eines Szenarios die Verhältnisse im bisher ungünstigsten Jahr gewählt werden sollten. Die optimistische Variante rechnet mit den Verhältnissen im bisher günstigsten Jahr und die mittlere Variante mit dem Durchschnitt über die ganze bisherige Inventurperiode hinweg. Unter diesen Annahmen ergeben sich eine Reihe von möglichen Szenarien. Der Arbeitskreis hat drei davon ausgewählt und seinen weiteren Überlegungen zugrunde gelegt. Das optimistische Szenario geht davon aus, daß sich das Absterben der heute über 60 % geschädigten Bäume über den langen Zeitraum von 15 Jahren verteilt und daß sich der Neuzugang zur Schadstufe 3 so fortsetzt, wie er im günstigsten Jahr zwischen 1983 und 1986 verzeichnet wurde. Die pessimistische Variante dagegen rechnet mit dem Absterben der über 60 % Nadelverlust aufweisenden Bäume innerhalb von 5 Jahren und einem Neuzugang zu Stufe 3 entsprechend den Verhältnissen im ungünstigsten Jahr der bisherigen Beobachtungsperiode. Die mittlere Variante geht von einem Absterbenszeitraum von 10 Jahren und einem Neuzugang aus, der dem Durchschnitt der Jahre 1983/86 entspricht. Als Zeithorizont für die ganze Untersuchung wurde das Jahr 1995 gewählt.

7. Ziel des Arbeitskreises war es, die raumrelevanten Auswirkungen der Walderkrankung so weitgehend als möglich zu erfassen. Als raumwirksame Folgen kommen in erster Linie Auswirkungen auf die regionale Wirtschaftsstruktur und die sich daraus abzuleitenden regionalplanerischen Maßnahmen in Betracht. Eine erste Grobanalyse ergab, daß derartige Auswirkungen einmal im Bereich Naturhaushalt und Landschaftsbild zu erwarten sind und daß außerdem eine Reihe von Wirtschaftszweigen in verschiedener Weise von der Walderkrankung betroffen werden können. Dies sind außer der Forstwirtschaft die holzbearbeitende Industrie, die Landwirtschaft infolge der großen Bedeutung des Bauernwaldes für das Arbeits- und Markteinkommen der bäuerlichen Betriebe in dieser Region sowie der Fremdenverkehr. Veränderungen in diesen Sektoren können ihrerseits vorgelagerte oder nachgelagerte andere Wirtschaftssektoren beeinflussen, sei es durch gesteigerte oder verminderte Nachfrage oder veränderte Angebote. Daraus ergeben sich insgesamt Einflüsse auf das Bruttosozialprodukt, den Arbeitsmarkt und die Anforderungen an die Infrastruktur (Verkehrsbedürfnisse, Wohnraum, Ausbildung, Versorgung und Entsorgung usw.).

8. Im Bereich des Naturhaushaltes zeigt es sich, daß sowohl die direkte Wirkung von gasförmigen Luftschadstoffen als auch der Deponie von Schadstoffen auf Vegetation und Boden sowie die indirekten Wirkungen durch das Absterben von Bäumen und Beständen Auswirkungen auf die Tier- und Pflanzenwelt und damit auf die terrestrischen und aquatischen Ökosysteme haben. Außerhalb des Waldes sind zunächst vor allem die selten gewordenen Biotoptypen der Moore und Halbtrockenrasen sowohl durch düngende als auch durch versauernd wirkende Stoffeinträge gefährdet. Mannigfaltig sind die Auswirkungen der Walderkrankung auf den Wasserhaushalt. Sowohl Gesamtabfluß als auch Periodizität der Abflüsse können sich verändern. Durch die hohen Stickstoffeinträge aus der Luft und durch die raschere Mineralisierung von Humus in aufgelichteten oder kahlgeschlagenen Beständen kann der Nitratgehalt des Bodenwassers ansteigen und die Qualität von Quellen und Grundwasservorkommen beeinträchtigen. In welchem Maße durch die Walderkrankung die Bodenerosion gefördert wird, hängt außer von der Geländemorphologie und dem geologischen Untergrund in hohem Maße davon ab, welche Ersatzvegetation an Stelle der abgestorbenen Bäume tritt. Auf Grund der bisherigen Beobachtungen kann davon ausgegangen werden, daß im überwiegenden Teil der Fälle im Schwarzwald vorläufig an Stelle der absterbenden Bäume eine andere bodendeckende Vegetation tritt. Probleme könnten jedoch bei längeren Übergangsstadien mit lückenhafter Vegetationsdecke auftreten. Dennoch sollte die Erosionsgefahr nicht überbewertet werden, sofern es durch geeignete forstliche Maßnahmen gelingt, die Entwicklung einer Ersatzvegetation rechtzeitig zu fördern und diese so zu pflegen, daß sie den Bodenschutz wirksam übernehmen kann. Durch zurückhaltenden Aushieb der erkrankten Bäume und die möglichst lange Vermeidung größerer Kahlflächen, eventuell auch das Belassen abgestorbener Einzelbäume und Bestände in kritischen Lagen, kann das Aufkommen einer Ersatzvegetation erleichtert werden. Sollte allerdings die Walderkrankung in Zukunft sich sehr stark beschleunigen oder sollte durch die Luftverunreinigung in erhöhtem Maße auch die übrige Vegetation in Mitleidenschaft gezogen werden, könnten sich die Verhältnisse rasch ändern. Im Gegensatz zur Oberflächenerosion kann eine Strauch- und Gebüschvegetation und vor allem eine Gras- und Krautflora Schneerutsche, Lawinen und Steinschlag nicht verhindern. Großflächiges Absterben von Waldbeständen an den Steilhängen des Schwarzwaldes würde in den oberen und mittleren Lagen die Gefährdung von Straßen und Gebäuden durch Schneerutsche und Lawinen wesentlich vergrößern. Nicht unbeachtet bleiben darf die Frage des Wildbestandes. Durch die Auflichtung und das Absterben von Waldbeständen und die sich einstellende Ersatzvegetation werden zunächst die Lebens- und Ernährungsbedingungen vor allem des Schalenwildes verbessert. Gleichzeitig wird die Jagd erschwert. Es besteht daher die Gefahr, daß die Wildstände sehr stark zunehmen, was zur Folge haben müßte, daß sowohl die Entwicklung der entscheidend wichtigen Ersatzvegetation als auch die Wiederherstellung des Waldes auf die Dauer in Frage gestellt sein würden. Es müssen daher rechtzeitig die nötigen Maßnahmen getroffen werden, um den Wildstand unter Kontrolle zu halten.

9. Das Landschaftsbild und die Erholungseignung des Schwarzwaldes wird neben der Morphologie des Geländes vor allem durch den Wald bzw. den Wechsel von Wald und offenem Gelände bestimmt. Veränderungen des Waldes führen daher zwangsläufig auch zu wesentlichen Veränderungen des Landschaftsbildes. Der Fremdenverkehr im Schwarzwald ist in ganz besonders hohem Maße landschaftsbezogen. Die Landschaft stellt daher eine wichtige materielle Grundlage für den Fremdenverkehr dar. Die Frage des Verhältnisses Landschaft/Fremdenverkehr hat deshalb den Arbeitskreis im Hinblick auf die Auswirkungen der Walderkrankung auf den Fremdenverkehr stark beschäftigt. Auch hier sind Prognosen kaum möglich, da es äußerst schwierig ist, hypothetische Reaktionen von Urlaubern auf hypothetische Situationen in der Landschaft zu ergründen. Der Arbeitskreis ist daher der Auffassung, daß es höchst gewagt ist, aufgrund von heutigen Umfrageergebnissen auf die zukünftige Reaktion potentieller Besucher zu schließen. Dabei schließt der Arbeitskreis keineswegs aus, daß die Landschaftsveränderungen durch die Waldschäden, oder vielleicht noch mehr die Berichte über solche Schäden, einen negativen Einfluß auf den Fremdenverkehr haben können. Er ist sich bewußt, daß schwer wägbare psychologische Faktoren dabei eine wesentliche Rolle spielen. In diesem Zusammenhang zeigt sich auch das Dilemma, in dem sich viele Kommunalpolitiker im Schwarzwald befinden, und das verschiedentlich zu Irritationen geführt hat. Auf der einen Seite ist man sich einig, daß Politik und Bevölkerung für das Problem der Walderkrankung sensibilisiert werden müssen und daß dazu eine nüchterne und klare Darstellung der Gefährdung des Waldes und deren Folgen nötig ist. Auf der anderen Seite fürchtet man negative Auswirkungen auf den Fremdenverkehr durch eine Darstellung der Tatsachen und glaubt daher, die Situation beschönigen zu müssen.

10. Die wirtschaftlichen Auswirkungen der Walderkrankung treten in verschiedenen Wirtschaftszweigen in Form von Produktionseffekten, Beschäftigungseffekten, Einkommenseffekten und Vermögenseffekten auf. Besonders wichtig sind dabei auch Verflechtungen zwischen den einzelnen Wirtschaftszweigen. Die Auswirkungen auf vor- und nachgelagerte Wirtschaftszweige ließen sich am besten durch Input-Output-Tabellen erfassen. Solche Tabellen existieren für ganze Volkswirtschaften, jedoch nur vereinzelt für größere Teilregionen, z.B. einzelne Bundesländer. Der Versuch des Arbeitskreises, für den Regionalverband Südlicher Oberrhein eine eigene Input/Output-Tabelle zu entwickeln, führte aus verschiedenen Gründen nicht zum Erfolg. Es zeigen sich deutlich die Grenzen einer Feinanalyse der Wirtschaftsverflechtungen in kleinen Plaugseinheiten, wie sie in Baden-Württemberg die Regionalverbände darstellen.

11. Die wirtschaftlichen Auswirkungen der Waldschäden auf die Waldeigentümer sind bereits recht gut bekannt und dokumentiert. In der Untersuchung wurden sie für die besonderen Verhältnisse des Raumes detailliert dargestellt. Die regionalwirtschaftlichen Auswirkungen der Schäden im Wald öffentlich-rechtlicher Eigentümer sind beschränkt. Dagegen zeigte es sich, daß im Schwarzwald, wo die Landwirtschaftsbetriebe an sich schon in einer sehr schwierigen Lage sind, die wirtschaftlichen Schäden im Bauernwald weitreichende Auswirkungen haben. In den meisten Landwirtschaftsbetrieben mit beträchtlichem Waldanteil - und deren Zahl ist in den Einzelhofsgebieten des Hochschwarzwaldes recht groß - trägt der Betriebsteil "Wald" ganz wesentlich zum Familieneinkommen bei. Das Einkommen aus der Landwirtschaft allein liegt in der Regel unter dem Existenzminimum der Familie und muß daher durch Arbeitseinkommen außerhalb der Landwirtschaft oder eben aus dem Betriebsteil "Wald" aufgestockt werden. Steigende Aufwendungen und verminderte Erträge im Wald bedrohen daher die Überlebensfähigkeit des ganzen Betriebes. Die Walderkrankung könnte somit wesentlich dazu beitragen, daß viele Höfe im Schwarzwald aufgegeben werden müssen, da zusätzliche Einkommensquellen fehlen oder bei einem eventuellen Rückgang des Fremdenverkehrs auch bisherige verlorengehen. Die durch die Aufgabe der Landwirtschaft im Schwarzwald bewirkte Landschaftsveränderung wäre wahrscheinlich noch größer als die Veränderung durch ein Waldsterben und könnte dementsprechend den Fremdenverkehr noch stärker beeinträchtigen, zumal heute die Hälfte der ganzen landwirtschaftlich genutzten Fläche im Schwarzwald von Betrieben mit mehr als 5 ha Waldbesitz bewirtschaftet wird. Hier zeigen sich mögliche Auswirkungen der Walderkrankung, die bisher noch kaum beachtet wurden, die aber sehr ernst zu nehmen sind.

12. Geringer als oft angenommen sind dagegen die Auswirkungen auf die holzbearbeitende Industrie. Deren technische Kapazität ist wesentlich höher als der gegenwärtige Holzanfall aus der Region selbst, so daß in beträchtlichem Maße Rohholz aus anderen Regionen und aus dem Ausland eingeführt und in der Region zu Schnittholz aufgearbeitet wird, das wiederum zu zwei Drittel außerhalb der Region abgesetzt wird. Steigender Holzanfall durch die Walderkrankung würde somit die Versorgungslage der holzbearbeitenden Industrie aus dem Raume selbst verbessern. Größere Schwierigkeiten könnten dann auftreten, wenn vermehrt waldschadensbedingte Holzeinschläge auch in jenen Regionen geführt werden müßten, die bisher zum Teil mit Schnittholz aus dem Untersuchungsgebiet versorgt werden und die dann möglicherweise ihren Bedarf selbst decken könnten.

13. Um die Auswirkungen der Walderkrankung auf den Fremdenverkehr abzuschätzen, arbeitete der Arbeitskreis ebenfalls mit Szenarien, die einen Rückgang der Besucher um 5 %, 15 % und 30 % annahmen. Dabei zeigte es sich, daß schon bei verhältnismäßig geringfügigen Einbußen die Auswirkungen auf die regionale Wirtschaft sehr beträchtlich sind und für die Schwerpunktgebiete des Fremdenverkehrs im Hochschwarzwald mit ihrer einseitigen Struktur und starken Abhängigkeit vom Fremdenverkehr katastrophale Folgen hätten. Dies vor allem auch, wenn man die vorgelagerten Branchen mitberücksichtigt. Die möglichen Verluste aus einem verringerten Fremdenverkehr für das gesamte Volkseinkommen liegen weit über den Verlusten der Forstwirtschaft. Schwerwiegend wären auch die

Verluste an Arbeitsplätzen, für die in den entsprechenden Gemeinden kaum eine Möglichkeit des Ersatzes besteht.

14. Insgesamt zeigt es sich, daß sich die wirtschaftlichen Auswirkungen der Walderkrankung keineswegs auf den Bereich der Forstwirtschaft beschränken, sondern noch wesentlich folgenschwerere Wirkungen vor allem für die Höhenlandwirtschaft im Schwarzwald und den Fremdenverkehr zu erwarten sind. Dies könnte schwerwiegende Folgen für die Struktur der Teilregion Schwarzwald haben, die an sich schon dünn besiedelt ist, eine geringe Zahl von Arbeitsplätzen außerhalb von Landwirtschaft und Fremdenverkehr aufweist und außerdem aus topographischen und verkehrstechnischen Gründen gegenüber anderen Teilregionen des Untersuchungsgebietes benachteiligt ist. Eine solche Entwicklung ist vor allem auch aus raumplanerischen Gründen sehr bedenklich, da dadurch bereits bestehende wirtschaftliche Ungleichgewichte innerhalb der Region verstärkt werden. Es müßte zwangsläufig eine noch stärkere Disparität zwischen den Gunsträumen am Fuße der Vorbergzone und dem Schwarzwald einerseits und der Rheinebene andererseits entstehen, was regionalplanerisch unerwünscht ist. Es dürfte aber auch sehr schwierig sein, mit planerischen Maßnahmen zu versuchen, dieses Ungleichgewicht zu verbessern, da nicht zu erkennen ist, was für aussichtsreiche Alternativen zum Fremdenverkehr und zur Höhenlandwirtschaft in dieser Teilregion wirkungsvolle Abhilfe bieten könnten.

15. Aus den Untersuchungen und Überlegungen des Arbeitskreises ergeben sich eine Reihe von raumordnerischen Folgerungen für die Untersuchungsregion, die aber grundsätzlich auch für andere Regionen gelten.

Obwohl die eigentlichen und entscheidenden Ursachen der Walderkrankung großräumiger Natur sind und nicht allein durch regionale Maßnahmen beseitigt werden können, darf der Beitrag regionaler Schadstoffquellen zur allgemeinen Luftverschmutzung nicht unterschätzt werden. So wäre z.B. in der Untersuchungsregion schon viel gewonnen, wenn durch entsprechende regionale Maßnahmen die weitere Entwicklung der Waldschäden im Rahmen des optimistischen oder mindestens im Bereich zwischen dem optimistischen und dem mittleren Szenario gehalten werden könnte. Es wird deshalb vorgeschlagen, daß das im Oberrheintal bereits eingeführte grenzüberschreitende Immissions-Meßnetz ergänzt und erweitert wird und die einzelnen stationären Emissionsquellen dargestellt werden. Auf Grund dieses Katasters müßte für jeden Emittenten individuell geprüft werden, was für Möglichkeiten bestehen, um die Emissionen wirkungsvoll zu reduzieren, wenn möglich über das gesetzlich vorgeschriebene Maß hinaus.

Außerdem erscheint es dem Arbeitskreis unerläßlich, sich ein genaueres Bild über den Stand der Walderkrankung innerhalb der Region selbst zu machen, da eine Reihe von lokal und regional raumwirksamen Effekten der Walderkrankung nur erkannt und Gegenmaßnahmen nur geplant werden können, wenn das Verteilungsmuster der Walderkrankung innerhalb eines bestimmten Gebietes bekannt ist. Die Walderkrankung ist ja nicht gleichmäßig über die ganze Waldfläche verteilt, sondern zeigt ein unregelmäßiges Verteilungsmuster, das z.T. durch unterschiedliches Alter der Bestände und unterschiedliche Baumartenzusammensetzung, z.T. durch natürliche Standortfaktoren bestimmt wird. Die Resultate der bundesweiten Waldschadensinventur, die auf einem Stichprobennetz mit Stichprobenabständen von 4 km beruhen, ergeben nur Durchschnittswerte für größere Gebiete. Auf der Basis der Stichproben ist es aber nicht möglich, die Schwerpunkte der Walderkrankung innerhalb der statistischen Erhebungseinheiten zu lokalisieren.

Eine detaillierte Erfassung der Hauptschadensgebiete könnte auch die Abschätzung der zu erwartenden Erhöhung des Gesamtwasserabflusses und der Hochwasserspitzen erleichtern. Die erhöhten Abflußspitzen können durchaus weitreichende Folgen haben und die Hochwassergefährdung in bestimmten Bereichen der Vorbergzone und der Rheinebene beträchtlich vergrößern. Es wird deshalb empfohlen, in Zusammenarbeit mit der Wasserwirtschaft den gegenwärtigen Stand der Hochwassergefährdung in den einzelnen Abschnitten der Bäche und Flüsse unter Annahme der bisherigen und erhöhten Hochwasserspitzen detailliert abzuklären und mit den Ausweisungen der regionalen und kommunalen Pläne zu vergleichen. Daraus ergäben sich präzisere Anhaltspunkte, wo schwerpunktmäßig zukünftige Gefahren auftreten könnten und wo und mit welcher Dringlichkeit wasserbauliche Maßnahmen, z.B. die Schaffung zusätzlicher Hochwasser-Speicherräume bzw. Erhöhung der Hochwasserdämme, oder aber Änderungen der bisherigen Planungen und Flächenausweisungen notwendig werden. Außerdem dürfte es sich empfehlen, das Netz der Wassermeßstationen zu verdichten, um durch intensivierte Beobachtungen rechtzeitig zu erkennen, ob und in welchem Ausmaß die Wasserabflüsse in den kommenden Jahren ansteigen.

Durch die erhöhten Stickstoffeinträge aus der Luft sowie vor allem auch durch die Humus-Mineralisierung in stark aufgelichteten oder kahl gewordenen Waldflächen kann sich der Nitrateintrag in das Bodenwasser stark vergrößern. Schon jetzt sind die Nitratgehalte vieler Grund- und Quellwasserfassungen in der Region sehr hoch und übersteigen z.T. die Grenzwerte wesentlich. Jeder zusätzliche Nitrateintrag als Folge der Walderkrankung verschärft die Situation. Auf den Waldflächen, die für die lokale oder regionale Trinkwasserversorgung, sei es im Einzugsgebiet von Quellen, sei es im Nährgebiet von Grundwasservorkommen, wichtig sind, muß daher besonders dafür gesorgt werden, daß durch frühzeitigen Unterbau und rasche Wiederbestockung stark gefährdeter Bestände die Nitratauswaschung möglichst gering gehalten wird. Um auch hier Prioritäten setzen zu können, wird vorgeschlagen, eine flächendeckende Kartierung der jetzt und auf Grund vorhandener Planungen in Zukunft wichtigen Trinkwassereinzugsgebiete vorzunehmen und mit den ebenfalls kartierten Hauptverbreitungsgebieten der Waldschäden zu vergleichen. Unter Umständen ergeben sich bereits dabei Hinweise auf notwendige Konzept- und Planungsänderungen der kommunalen und regionalen Wasserversorgung.

Art und Ausmaß der Gefährdung von Siedlungen und Verkehrslinien, in Wintersportgebieten auch von Loipen, Skipisten und Skiliften durch Lawinen, Schneerutsche, Steinschlag und Bodenerosion hängen stark von den konkreten lokalen Verhältnissen ab. Auch hier empfiehlt der Arbeitskreis, bereits prophylaktisch einen Gefährdungskataster aufzunehmen und jene Waldbestände kartographisch festzuhalten, denen beim Schutz bestimmter Objekte besondere Bedeutung zukommt und deren Gesundheitszustand daher besonders intensiv überwacht werden muß, damit nötigenfalls rechtzeitig und mit Konzentration aller Mittel durch frühzeitigen Unterbau stark erkrankter Bestände, eventuell auch durch geeignete technische Maßnahmen, die Gefährdung vermindert werden kann. Solche Unterlagen sind auch deshalb wichtig, um prüfen zu können, ob bisher in der Planung ausgewiesene Flächen und Standorte unter dem Gesichtspunkt neuer Gefährdungen durch die Walderkrankung noch vertretbar sind oder zukünftige Planungen neuen Gegebenheiten Rechnung zu tragen haben.

Unter den Aspekten des Landschaftsbildes und der Erholungseignung ergeben sich ebenfalls Prioritätsgebiete, in denen aus Gründen des Landschaftsschutzes und wegen ihrer Bedeutung für den Fremdenverkehr der bisher vorhandene Wald besonders wichtig und erhaltenswert ist. Ähnliches gilt für die Erhaltung bisher offener und für Landschaftsbild und Fremdenverkehr besonders wichtiger Landwirtschaftsflächen. Deshalb wird weiter vorgeschlagen, durch eine Kartierung derjenigen Waldteile und Landwirtschaftsflächen, deren Erhaltung für Landschaftsbild und Fremdenverkehr von besonderer Bedeutung ist, Prioritätsflächen festzulegen, die in erster Linie unter den Gesichtspunkten von Landschaftsbild und Erholung zu erhalten sind, auch dann, wenn unter betriebswirtschaftlichen Gesichtspunkten der Eigentümer daran wenig interessiert ist.

Sowohl die Lokalisierung der Waldschadensschwerpunkte und die Verfolgung ihrer weiteren Entwicklung als auch die vorgeschlagene Kartierung der wichtigen Trinkwasser-Einzugsgebiete und der durch Lawinen, Schneerutsche, Steinschlag und Bodenerosion besonders gefährdeten Bereiche, der für Landschaftsbild und Fremdenverkehr entscheidenden Wald- und Landwirtschaftsflächen sowie die Überprüfung der Hochwassergefährdung bilden die Voraussetzung, um im Rahmen einer regionalen Planung Schwerpunkte und Prioritäten setzen zu können und sich rechtzeitig ein Bild über mögliche Entwicklungen und die dadurch bedingten Aufwendungen machen zu können.

Die genaue Bezeichnung und Abgrenzung von Flächen, die aus der Sicht der Raumordnung besonders wichtig sind und auf denen deshalb alles getan werden sollte, um eine weitere Verschlechterung des Waldzustandes zu verhindern oder die Wiederherstellung mit Vorrang zu betreiben, erscheint aus zwei Gründen besonders notwendig. Einmal steht außer Frage, daß die für die Erhaltung und Wiederherstellung geschädigter Wälder zur Verfügung stehenden Mittel immer beschränkt sein werden und nicht zur gleichzeitigen Sanierung aller Flächen ausreichen. Deshalb müssen auch aus finanziellen Gründen Prioritäten gesetzt und die Mittel dort konzentriert werden, wo ein besonders großes Interesse der Allgemeinheit an der Erhaltung und Wiederherstellung des Waldes besteht. Diese Prioritäten sind in erster Linie nach raumordnerischen Gesichtspunkten zu beurteilen. Die raumordnerischen Prioritäten brauchen sich dabei keineswegs mit den Prioritäten des einzelnen Waldeigentümers zu decken. Der Entscheid darüber kann daher nicht einfach dem einzelnen Waldeigentümer überlassen bleiben. Dies nicht zuletzt auch deshalb, weil zu erwarten ist, daß bei einem Fortschreiten der Walderkrankung das Interesse vieler Waldeigentümer an ihrem Wald stark zurückgehen wird und die Gefahr besteht, daß diese Waldeigentümer ihren Wald, der für sie keinen wirtschaftlichen Wert mehr hat, seinem Schicksal überlassen und auch auf Sanierungsmaßnahmen verzichten. Dort, wo aber ein raumordnerisches Interesse an der Erhaltung und Wiederherstellung des Waldes besteht, muß die öffentliche Hand einspringen und dafür sorgen, daß die im öffentlichen Interesse liegenden Maßnahmen getroffen werden. Dazu sind auch öffentliche Mittel zur Verfügung zu stellen. Die Raumordnung hat dabei ein gewichtiges Wort mitzusprechen.

Veröffentlichungen der Akademie für Raumforschung und Landesplanung

Forschungs- und Sitzungsberichte

Band 138	Funktionsräumliche Arbeitsteilung – Teil 1: Allgemeine Grundlagen, 1981, DIN B 5, 143 S.	44,– DM
Band 139	Räumliche Planung in der Bewährung (19. Wissenschaftliche Plenarsitzung 1980), 1982, DIN B 5, 170 S.	42,– DM
Band 140	Gleichwertige Lebensbedingungen durch eine Raumordnungspolitik des mittleren Weges – Indikatoren, Potentiale, Instrumente, 1982, DIN B 5, 297 S.	69,– DM
Band 141	Schutzbereiche und Schutzabstände in der Raumordnung, 1982, DIN B 5, 142 S.	42,– DM
Band 142	Städtetourismus – Analysen und Fallstudien aus Hessen, Rheinland-Pfalz und Saarland, 1982, DIN B 5, 229 S.	56,– DM
Band 143	Qualität von Arbeitsmärkten und regionale Entwicklung, 1982, DIN B 5, 205 S.	52,– DM
Band 144	Regionale Aspekte der Bevölkerungsentwicklung unter den Bedingungen des Geburtenrückganges, 1982, DIN B 5, 295 S.	69,– DM
Band 145	Verwirklichung der Raumordnung, 1982, DIN B 5, 268 S.	55,– DM
Band 146	Wohnungspolitik und regionale Siedlungsentwicklung, 1982, DIN B 5, 310 S.	71,– DM
Band 147	Wirkungen der europäischen Verflechtung auf die Raumstruktur in der Bundesrepublik Deutschland (20. Wissenschaftliche Plenarsitzung 1981), 1983, DIN B 5, 98 S.	38,– DM
Band 148	Beiträge zur Raumplanung in Hessen/Rheinland-Pfalz/Saarland, 4. Teil, 1983, DIN B 5, 99 S.	25,– DM
Band 149	Probleme räumlicher Planung und Entwicklung in den Grenzräumen an der deutsch-französisch-luxemburgischen Staatsgrenze, 1983, DIN B 5, 224 S.	78,– DM
Band 150	Regional differenzierte Schulplanung unter veränderten Verhältnissen – Probleme der Erhaltung und strukturellen Weiterentwicklung allgemeiner und beruflicher Bildungseinrichtungen, 1984, DIN B 5, 298 S.	59,– DM
Band 151	Regionale Hochschulplanung unter veränderten Verhältnissen, 1984, DIN B 5, 158 S.	46,– DM
Band 152	Landesplanung und Städtebau in den 80er Jahren – Aufgabenwandel und Wechselbeziehungen (21. Wissenschaftliche Plenarsitzung 1982), 1983, DIN B 5, 82 S.	25,– DM
Band 153	Funktionsräumliche Arbeitsteilung – Teil II: Ausgewählte Vorrangfunktionen in der Bundesrepublik Deutschland, 1984, DIN B 5, 302 S.	69,– DM
Band 154	Wirkungsanalysen und Erfolgskontrolle in der Raumordnung, 1984, DIN B 5, 318 S.	76,– DM
Band 155	Ansätze zu einer europäischen Raumordnung, 1985, DIN B 5, 401 S.	79,– DM
Band 156	Der ländliche Raum in Bayern – Fallstudien zur Entwicklung unter veränderten Rahmenbedingungen, 1984, DIN B 5, 354 S.	62,– DM
Band 157	Agglomerationsräume in der Bundesrepublik Deutschland – Ein Modell zur Abgrenzung und Gliederung –, 1984, DIN B 5, 137 S.	58,– DM
Band 158	Umweltvorsorge durch Raumordnung (22. Wissenschaftliche Plenarsitzung 1983), 1984, DIN B 5, 66 S.	44,– DM
Band 159	Räumliche Aspekte des kommunalen Finanzausgleichs, 1985, DIN B 5, 406 S.	84,– DM
Band 160	Sicherung oberflächennaher Rohstoffe als Aufgabe der Landesplanung, 1985, DIN B 5, 227 S.	79,– DM
Band 161	Entwicklungsprobleme großer Zentren (23. Wissenschaftliche Plenarsitzung 1984), 1985, DIN B 5, 70 S.	28,– DM
Band 162	Probleme der räumlichen Energieversorgung, 1986, DIN B 5, 195 S.	29,– DM
Band 163	Funktionsräumliche Arbeitsteilung und Ausgeglichene Funktionsräume in Nordrhein-Westfalen, 1985 DIN B 5, 192 S.	57,– DM
Band 164	Gestaltung künftiger Raumstrukturen durch veränderte Verkehrskonzepte (24. Wissenschaftliche Plenarsitzung 1985), 1986, DIN B 5, 173 S.	26,– DM
Band 165	Wechselseitige Beeinflussung von Umweltvorsorge und Raumordnung, 1987, DIN B 5, 502 S.	68,– DM
Band 166	Umweltverträglichkeitsprüfung im Raumordnungsverfahren nach Europäischem Gemeinschaftsrecht, 1986, DIN B 5, 135 S.	24,– DM
Band 167	Funktionsräumliche Arbeitsteilung — Teil III: Konzeption und Instrumente, 1986, DIN B 5, 255 S.	38,– DM
Band 168	Analyse regionaler Arbeitsmarktprobleme, 1988, DIN B 5, 301 S.	59,– DM
Band 169	Räumliche Wirkungen der Telematik, 1987, DIN B 5, 519 S.	75,– DM
Band 170	Technikentwicklung und Raumstruktur — Perspektiven für die Entwicklung der wirtschaftlichen und räumlichen Struktur der Bundesrepublik Deutschland (25. Wissenschaftliche Plenarsitzung 1986), DIN B 5, 228 S.	49,– DM
Band 171	Behördliche Raumorganisation seit 1800, 1988, DIN B 5, 170 S.	45,– DM
Band 172	Fremdenverkehr und Regionalpolitik, 1988, DIN B 5, 275 S.	89,– DM
Band 173	Flächenhaushaltspolitik — Ein Beitrag zum Bodenschutz, 1987, DIN B 5, 410 S.	68,– DM
Band 174	Städtebau und Landesplanung im Wandel (26. Wissenschaftliche Plenarsitzung 1987), 1988, DIN B 5, 262 S.	38,– DM
Band 175	Regionalprognosen — Methoden und ihre Anwendung. 1988, DIN B 5	in Druck
Band 176	Räumliche Auswirkungen der Waldschäden — dargestellt am Beispiel der Region Südlicher Oberrhein. 1988, DIN B 5, 111 S.	39,– DM